高等职业教育机电类专业系列教材

电子技术
项目化教程

- 主　编　徐立青　陈永峰
- 副主编　孙珂琪　姜丽萍　陆　畅
- 参　编　翟　栋　李　勇　李　扬
　　　　　黄新星　高永明
- 主　审　南黄河

西安电子科技大学出版社

内 容 简 介

　　本书是根据职业技术教育教学的要求编写的,从实际应用出发,以任务为驱动,充分体现高职高专课程特色。本书由七个项目组成,分别为半导体二极管的应用、基本放大电路的分析与测试、集成运算放大器的分析、集成运算放大器的线性应用、门电路及组合逻辑电路的分析与测试、触发器及其应用、计数器/定时器及其应用。

　　本书采用了项目化形式,取材广泛,内容新颖,深入浅出,注重实践技能和人文素质的培养,可作为高等职业院校、高等专科院校和成人教育机电类专业的通用教材,也可作为相关科研人员、工程技术人员及自学人员的参考资料。

图书在版编目(CIP)数据

电子技术项目化教程/徐立青,陈永峰主编. --西安:西安电子科技大学出版社,2023.9(2024.4 重印)
ISBN 978-7-5606-7052-2

Ⅰ. ①电⋯　Ⅱ. ①徐⋯ ②陈⋯　Ⅲ. ①电子技术—高等职业教育—教材　Ⅳ. ①TN

中国国家版本馆 CIP 数据核字(2023)第 172949 号

责任编辑　雷鸿俊　李鹏飞
出版发行　西安电子科技大学出版社(西安市太白南路 2 号)
电　　话　(029)88202421　88201467　　邮　　编　710071
网　　址　www.xduph.com　　　　　　电子邮箱　xdupfxb001@163.com
经　　销　新华书店
印刷单位　陕西精工印务有限公司
版　　次　2023 年 9 月第 1 版　2024 年 4 月第 2 次印刷
开　　本　787 毫米×1092 毫米　1/16　印张 11.75
字　　数　277 千字
定　　价　36.00 元
ISBN 978-7-5606-7052-2/TN

XDUP 7354001-2

＊＊＊如有印装问题可调换＊＊＊

前　言

　　本书对标高等职业院校的人才培养目标，以培养分析典型电路、正确使用电子仪器和电气设备、正确连接电路、按照要求设计简单线路等核心能力为重点，突出学生的主体地位，激发学生的学习兴趣，提高学生的综合能力。

　　本书共七个项目，每个项目由任务和实训组成，理论知识与实践操作融为一体，可以帮助学生巩固及应用所学知识，实现理论与实践的有机融合。

　　本书的特点如下：

　　（1）以工匠精神为基础主线，以项目导入，具有安全要求高、知识点多、技术性强、学科交叉性强等特点。

　　（2）对所需的职业能力进行对应的模块化处理，任务的设置遵循由易到难的学习和认知规律。

　　（3）每一任务从实际应用出发设计任务单，包含学习目标、任务分析、总结反思等内容，以帮助学生更好地完成学习任务。

　　（4）设计了配套的教学资源，以便学生在学习过程中根据自身需求进行自主学习，实现碎片化学习。

　　（5）融入了课程思政的内容，以引导学生树立正确的世界观、人生观、价值观。

　　为方便学生对本书进行学习，本书在智慧职教 MOOC 上配有相关在线开放课程，网址 为 https://mooc. icve. com. cn/cms/courseDetails/index. htm? classId ＝ b2da6b6ab4c0f8b814804647d4cff241。

　　参加本书编写的有陕西铁路工程职业技术学院的徐立青、陈永峰、孙珂琪、姜丽萍、陆畅、翟栋、李勇、李扬以及深圳市中兴微电子技术有限公司平台系统部部长黄新星和咸阳威思曼高压电源有限公司总经理高永明。

　　由于编者水平有限，不足之处在所难免，恳请读者和同行批评指正。

编　者
2023 年 4 月

目　录

项目一　半导体二极管的应用 ………………………………………………………… 1
  任务一　认识 PN 结 ………………………………………………………………… 2
  任务二　二极管的伏安特性 ………………………………………………………… 9
  任务三　二极管整流电路 …………………………………………………………… 17
  实训一　二极管伏安特性的测试 …………………………………………………… 24
  实训二　二极管整流电路的制作与测试 …………………………………………… 25

项目二　基本放大电路的分析与测试 ………………………………………………… 26
  任务一　三极管电流放大测试 ……………………………………………………… 28
  任务二　共发射极放大电路的分析 ………………………………………………… 36
  实训一　三极管电流放大测试 ……………………………………………………… 49
  实训二　单管交流电压放大器的制作与调试 ……………………………………… 50

项目三　集成运算放大器的分析 ……………………………………………………… 52
  任务一　集成运算放大器的基本特性 ……………………………………………… 53
  任务二　放大电路中的反馈 ………………………………………………………… 60
  实训　声音探听器的制作与调试 …………………………………………………… 67

项目四　集成运算放大器的线性应用 ………………………………………………… 69
  任务　集成运算放大器线性电路 …………………………………………………… 70
  实训　比例运算电路的制作与调试 ………………………………………………… 77

项目五　门电路及组合逻辑电路的分析与测试 ……………………………………… 79
  任务一　认识数制和码制 …………………………………………………………… 80
  任务二　认识基本逻辑门电路 ……………………………………………………… 91
  任务三　常用组合逻辑电路的应用 ………………………………………………… 105
  实训一　集成与非门 74LS20 的应用与测试 ……………………………………… 117
  实训二　数码显示电路的制作与测试 ……………………………………………… 119

项目六　触发器及其应用 ……………………………………………………………… 120
  任务　认识触发器 …………………………………………………………………… 121
  实训　自锁开关的制作 ……………………………………………………………… 136

项目七　计数器/定时器及其应用 …………………………………………………… 137
  任务一　二进制计数器的应用 ……………………………………………………… 138
  任务二　十进制计数器的应用 ……………………………………………………… 146
  任务三　任意进制计数器 …………………………………………………………… 151
  任务四　认识 74LS194 寄存器 …………………………………………………… 160
  任务五　555 集成定时器的应用 …………………………………………………… 166

实训一　任意进制计数器的制作及应用 ………………………………………………… 180

实训二　74LS194 寄存器的应用 …………………………………………………………… 180

实训三　利用 555 集成定时器制作多谐振荡器 ………………………………………… 180

参考文献 ……………………………………………………………………………………… 182

项目一 半导体二极管的应用

项目描述

半导体二极管(简称二极管)的应用十分广泛,是构成各种电子电路,包括模拟电路、数字电路、集成电路和分立元件电路的基础。因此掌握它的基本结构、工作原理、特性及参数等是学习电子技术和分析电子电路必不可少的基础。

本项目从半导体的导电特性和 PN 结的基本原理入手,介绍半导体二极管的结构、特性、应用及检测方法。

项目目标

1. 知识目标

(1) 理解 PN 结及其单向导电特性;

(2) 掌握二极管的结构和类型;

(3) 掌握二极管的特性曲线及主要参数的物理意义;

(4) 了解二极管的应用;

(5) 掌握稳压二极管的工作原理。

2. 能力目标

(1) 能够对二极管及整流电路进行分析;

(2) 能够用万用表检测二极管;

(3) 会查器件手册,能根据要求选用合适的二极管;

(4) 会画整流电路,能根据电路图连接电路。

3. 素质目标

(1) 在实训项目中培养严谨认真的态度;

(2) 在团队任务中培养协同合作的精神;

(3) 增强民族自信、文化自信。

任务一　认识 PN 结

任 务 单

一、学习目标

（一）知识目标

(1) 掌握材料的分类；

(2) 掌握半导体材料的导电特性；

(3) 掌握本征半导体的结构特点；

(4) 掌握杂质半导体的分类及特点；

(5) 掌握 PN 结的形成及导电特性。

（二）能力目标

(1) 能够正确说明杂质半导体的结构特征；

(2) 能够正确分析杂质半导体内部的载流子运动；

(3) 能够正确说明 PN 结的单向导电特性。

（三）素质目标

(1) 具有团队协作能力；

(2) 具有民族担当意识、创新意识。

二、任务分析

（一）半导体材料及其导电特性

(1) 认真学习半导体材料的基础知识，说出几种常用的半导体材料；

(2) 描述本征半导体及本征激发的概念。

（二）杂质半导体

(1) 思考利用本征半导体的什么性质得到了杂质半导体；

(2) 思考 P 型半导体和 N 型半导体中多数和少数载流子分别是什么。

（三）PN 结

说出什么是 PN 结的单向导电性。

三、总结反思

(1) 想一想你学到了哪些新知识；

(2) 想一想你掌握了哪些新技能；

(3) 你对自己在本任务中的表现满意吗？写出课后反思。

一、半导体材料及其导电特性

自然界有很多不同的物质，这些物质按照其导电性能的不同，大致可分为三类。一类是导电性能良好的物质，这类物质很容易传导电流，称为导体。金属是最常见的导体，例如金、银、铜、铝等。另一类是在一般条件下不能导电的物质，即不容易传导电流的物质，称为绝缘体，如橡胶、陶瓷、玻璃等。还有一类物质导电能力介于导体和绝缘体两者之间，称为半导体，如锗、硅、硒及许多金属氧化物和硫化物等，是用来制作半导体器件和集成电路的电子材料。

1. 半导体材料的导电特性

半导体材料主要有以下几个方面的导电特性。

（1）热敏性：当半导体材料所处环境温度升高时，其导电能力明显增强。

（2）光敏性：当半导体材料受到光照时，其导电能力明显变化。利用该特性可制成各种光敏元件，如光敏电阻、光敏二极管、光敏三极管、光电池等。

（3）掺杂性：往纯净的半导体材料中掺入某些杂质，可使其导电能力明显改变。

2. 本征半导体

纯净的半导体，由于其内部原子的排列是有一定规律的，即构成了晶体结构，因此把半导体材料称为晶体。晶体分为单晶体和多晶体两种。单晶体的整个晶体的原子是按照一定的规律整齐排列的，多晶体是由大量小晶体组成的。半导体材料必须制成单晶体才能制作半导体器件，所以半导体器件又称为晶体器件，如半导体二极管又称为晶体二极管，半导体三极管又称为晶体三极管。

化学成分完全纯净的、没有任何杂质，且晶体结构完整的半导体称为本征半导体。不含杂质的单晶硅和单晶锗都属于本征半导体。

> 提示：制造半导体器件的材料纯度要达到 99.9999999%，常称为"九个9"。

制作半导体器件所用的硅或锗都是单晶体，它们都是四价元素。如图 1.1 所示，最外层有四个价电子，即硅或锗的原子按正四面体排列成晶格，每个原子处于正四面体的中心，而四个价电子位于正四面体的顶点。当硅或锗原子构成的单晶体原子之间靠得很近时，原来分属于每个原子的价电子就会受到相邻原子的影响而被两个相邻原子所共有。这样，每个价电子在围绕自身原子核运转的同时，也会出现在邻近原子所属的轨道上。它既受本身原子核的吸引，又受相邻原

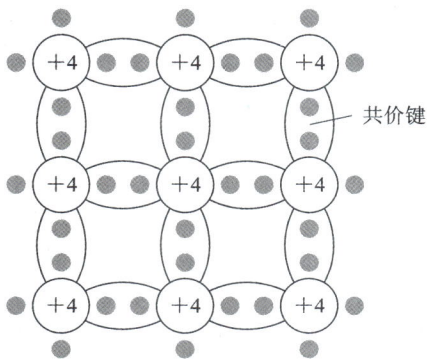

图 1.1　硅或锗晶体中共价键结构示意图

共价键

子核的吸引，从而把相邻两个原子紧紧地结合在一起，这种原子间通过共用电子对形成的化学键称为共价键。由于硅原子和锗原子都有四个价电子，每个原子都和周围四个原子形成四个共价键。每个原子的最外层轨道上将出现八个价电子，其中有四个价电子是该原子自身的，其余四个价电子是相邻原子的，每个价电子都处于较为稳定的状态。

3. 本征激发

共价键上的价电子并不像绝缘体中的价电子被束缚得那么紧，在获得一定能量（比如光照和温度升高）后，即可挣脱束缚成为自由电子。在热力学绝对温度（$T=0\,\mathrm{K}$，相当于 $T=-273.15℃$）下，本征半导体中没有自由电子，半导体不能导电。当温度升高时，有的价电子因受热获得足够的能量，从而可以挣脱原子核的束缚成为自由电子，进而参与导电。半导体产生自由电子的同时，在价电子原来所在的共价键位置上留下一个空位，该空位称为空穴。在本征半导体中，产生一个自由电子，就会留下一个空穴，因此将它们称为电子空穴对，如图 1.2 所示。温度升高使半导体共价键分裂产生电子空穴对的现象

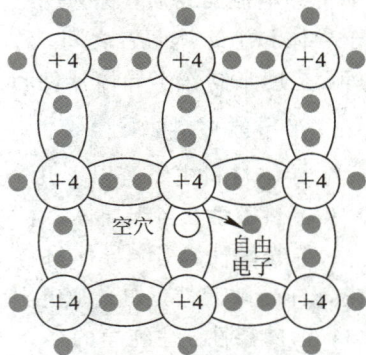

图 1.2　电子空穴对

称为本征激发或热激发。除了加热使温度升高以外，用光或其他射线照射也可以使温度升高，进而引起本征激发，电子和空穴的浓度将随着温度升高而增加。

在半导体中，携带电荷参与导电的粒子称为载流子。自由电子能在原子间运动，称为带负电荷的载流子。除此之外，由于原子失去电子，形成一个空穴呈正电性。在外电场和其他能源的作用下，空穴附近的相邻价电子可以填补到这个空穴中，而在原来位置上又留下一个新的空穴，新的空穴又会被相邻的价电子填充，所以价电子的运动可以看成空穴的反向移动，即价电子由 B 点运动到 A 点，就相当于空穴从 A 点移动到 B 点。由于空穴呈正电性，且在原子之间移动，因此空穴可认为是一种带正电荷的载流子。

由此可见，半导体中共有两种载流子：带正电荷的空穴和带负电荷的自由电子。这是半导体与导体在导电机理上的根本区别。

二、杂质半导体

本征半导体中的载流子浓度较低，导致半导体的导电能力差，并且对温度变化比较敏感，不利于应用到实际生产中。然而本征半导体具有掺杂性，即在本征半导体中掺入其他微量元素，会使其导电能力明显增强，其导电能力可增加几十万甚至几百万倍这样的半导体称为杂质半导体。在实际生产中，一般应用的半导体就是杂质半导体。人为地向本征半导体中掺入杂质，且通过控制杂质元素的种类和掺入数量，来控制半导体的导电性能。根据掺入的杂质种类不同，杂质半导体分为两类：N型半导体和 P 型半导体。

1. N型半导体

如图1.3所示，N型半导体指在本征半导体中掺入微量的五价杂质元素，例如磷（P）或砷（As）。五价杂质元素的原子最外层有五个价电子，当五价杂质元素的原子取代晶格中某些位置上的硅原子（或锗原子）时，最外层的价电子会和周围四个硅原子（或锗原子）形成共价键结构，从而多出一个价电子。多出的价电子仅受到杂质原子核的束缚，在获得少量能量后，很容易脱离杂质原子，从而形成自由电子。五价杂质元素的原子释放电子而被称为施主原子。由于N型半导体在室温条件下就可以使全部杂质原子的多余价电子脱离原子核的束缚成为自由电子，因此其电子空穴对的数量远远超过本征激发产生的电子空穴对。

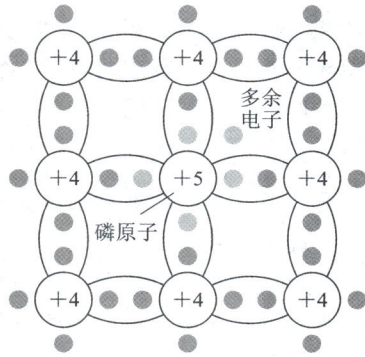

图1.3　N型半导体结构

五价杂质元素因为失去价电子，变成了带正电荷的正离子，但是这些正离子不能自由移动，不能导电，所以不是载流子。由于在N型半导体中，自由电子的浓度远远大于空穴的浓度，因此自由电子为多数载流子，简称多子，空穴为少数载流子，简称少子。N型半导体主要是自由电子导电，故也称为电子型半导体。

2. P型半导体

如图1.4所示，P型半导体指在本征半导体中掺入微量的三价杂质元素，例如硼（B）。当掺入的三价杂质元素的原子占据晶格中某些硅或锗的位置时，由于三价杂质元素的原子最外层只有三个价电子，因此在和硅原子（或锗原子）构成共价键时，会因为少一个价电子而形成一个空穴，此时相邻原子的价电子很容易填补这个空穴，进而在原来位置上留下一个空穴，这样就会产生与杂质原子数目相等的空穴。在P型半导体中形成的大量空穴参与导电，故P型半导体也称为空穴型半导体。三价杂质元素的原子接收电子而被称为受主原子。

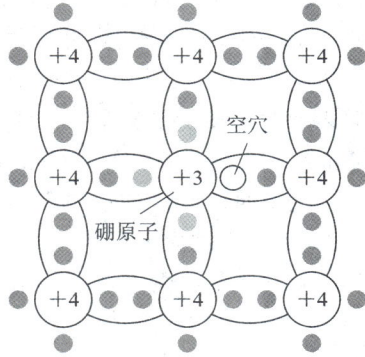

图1.4　P型半导体结构

在P型半导体中，空穴为多数载流子（多子），自由电子为少数载流子（少子）。

通过以上分析可知，杂质半导体中的多子浓度主要由掺入的杂质浓度决定，所以多子浓度受温度的影响较小；少子浓度主要取决于本征激发，因此少子浓度与温度、光照等外界条件有关。

自由电子导电是指在外电场的作用下，自由电子可以定向移动，从而形成电流。而空穴导电是指在外电场的作用下，被原子核束缚的价电子填补空穴形成空穴电流。请注意空穴电流不是自由电子填补空穴所形成的。

三、PN 结

由于单晶体和掺入的杂质都是电中性的，没有从外界获取电荷也没有失去电荷，因此 N 型半导体和 P 型半导体都是电中性的，对外不显电性，不能直接用于制作半导体器件。只有这两种半导体材料经过特殊的工艺处理，结合在一起形成 PN 结，才能用于制作不同性能的半导体器件。

1. PN 结的形成

在本征半导体材料中掺入三价或五价元素，可形成两种不同的杂质半导体。如果在一块纯净的半导体晶片上，利用半导体的掺杂性，采用特殊工艺在两侧分别掺入三价元素和五价元素，掺入三价元素的一侧，会形成以空穴为多数载流子的 P 型半导体，掺入五价元素的一侧，会形成以自由电子为多数载流子的 N 型半导体，那么在这两种不同类型的半导体的交界面处就会形成一个特殊的导电薄层，即空间电荷区（耗尽区），我们将其称为 PN 结。

当 P 型半导体和 N 型半导体结合后，N 型区（简称 N 区）自由电子多而空穴少，P 型区（简称 P 区）空穴多而自由电子少，这就使得 PN 结两侧存在电子和空穴的浓度差。这种浓度差一方面会使 P 区的空穴向 N 区扩散，并与 N 区的自由电子复合，此时 P 区留下失去空穴带负电的粒子，形成一个负电荷区；另一方面会使 N 区的自由电子向 P 区扩散，并与 P 区的空穴复合，此时 N 区留下失去电子而带正电的离子，形成一个正电荷区。我们将载流子的这种运动称为扩散运动，因载流子浓度差相互扩散而形成的电流称为扩散电流。

PN 结的形成会产生一个从 N 区指向 P 区的内电场，如图 1.5 所示，内电场会阻碍多数载流子的扩散运动，即阻碍 P 区的空穴向 N 区扩散和 N 区的自由电子向 P 区扩散。除此之外，内电场对少数载流子起相反作用，它推动少数载流子向对方区域运动，即把 P 区的少数载流子（自由电子）推向 N 区，把 N 区的少数载流子（空穴）推向 P 区。在内电场作用下，少数载流子的定向运动称为漂移运动，形成的电流称为漂移电流。在内电场的作用下，扩散运动和漂移运动最终会达到动态平衡，此时 PN 结中没有电流，交界面处形成了稳定的 PN 结。

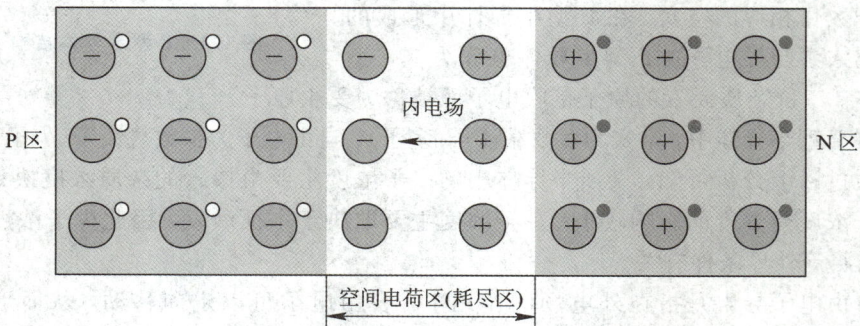

图 1.5　PN 结

2. 单向导电性

当 PN 结的两端外加不同极性的电压时，PN 结内部的动态平衡就会被破坏，PN 结呈现单向导电性。

如图 1.6(a)所示，PN 结外加正向电压，指 P 区接外电源的正极，N 区接外电源的负极。该正向电压也叫作正向偏置电压。外加正向电压在 PN 结上产生的外电场方向与内电场方向相反，相当于外电场削弱了内电场的作用，使空间电荷区即 PN 结变薄，这有助于多数载流子的扩散运动，形成正向电流。外电场越强，正向电流越大，相当于 PN 结的正向电阻越小。当 PN 结的正向电阻足够小时，PN 结处于正向导通状态。

如图 1.6(b)所示，PN 结外加反向电压，指 N 区接外电源的正极，P 区接外电源的负极。该反向电压也叫作反向偏置电压。外加反向电压在 PN 结上产生的外电场方向与内电场方向相同，相当于增强了内电场的作用，使空间电荷区变宽，进一步阻碍多数载流子的扩散运动，增强少数载流子的漂移运动，形成反向电流。由于少数载流子的浓度很小，因此产生的反向电流很小，一般情况下可以忽略不计。这时 PN 结的反向电阻很大，PN 结处于反向截止状态。反向电流在一定范围内不随外电场的变化而变化，称为反向饱和电流。

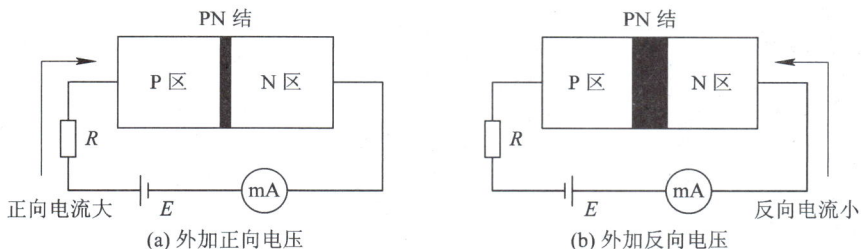

(a) 外加正向电压   (b) 外加反向电压

图 1.6　单向导电性

综上所述，PN 结外加正向电压时导通，外加反向电压时截止，简称正向导通，反向截止，这种特性称为单向导电性。单向导电性是 PN 结的重要特性，是制造各类半导体器件的前提。

思考练习

1. 请说出几种常用的半导体材料。

2. 半导体材料的导电特性有_____、_____和_____。

3. 半导体中共有____种载流子，分别是_____。

4. 请分析为什么半导体材料有思考练习题 2 所述的导电特性。提示：从原子结构和原子间的结合方式分析。

5. 电子导电和空穴导电有什么区别？

6. N 型半导体是在本征半导体中掺入微量的_____元素，P 型半导体是在本征半导体中掺入微量的_____元素。

7. N 型半导体中多子是_____，P 型半导体中多子是_____。

8. 杂质半导体中的少子是如何产生的？

9. 什么是 PN 结的单向导电性？

10. 请说一说 PN 结为什么有单向导电性。

★ 课程思政

　　党的二十大报告指出，在充分肯定党和国家事业取得举世瞩目成就的同时，必须清醒看到，推进高质量发展还有许多卡点瓶颈，科技创新能力还不强，需加快实施创新驱动发展战略。作为一名大学生，更要加强民族担当意识、创新意识，为祖国的发展奉献一份力量。

任务二　二极管的伏安特性

任务单

一、学习目标

（一）知识目标

(1) 了解二极管的结构组成；

(2) 掌握二极管的伏安特性；

(3) 掌握二极管的主要参数；

(4) 掌握二极管的使用与检测方法。

（二）能力目标

(1) 能够画出二极管的伏安特性曲线；

(2) 能够正确分析二极管的特性；

(3) 能够检测二极管的性能好坏；

(4) 会查器件手册，能根据要求选用合适的二极管。

（三）素质目标

(1) 具有团队协作能力；

(2) 具有分析问题、解决问题的能力。

二、任务分析

（一）二极管的基本结构及分类

(1) 说一说二极管的结构组成，并画出二极管的图形符号；

(2) 掌握二极管的种类。

（二）二极管的伏安特性及主要参数

(1) 通过学习，掌握二极管的死区电压；

(2) 能够画出二极管的伏安特性曲线，并分别说明正向特性和反向特性。

（三）二极管的选用与检测

(1) 掌握二极管的选用原则；

(2) 学会判断二极管的引脚；

(3) 学会使用万用表检测二极管的性能好坏。

三、总结反思

(1) 想一想你学到了哪些新知识；

(2) 想一想你掌握了哪些新技能；

(3) 你对自己在本任务中的表现满意吗？写出课后反思。

一、二极管的基本结构及分类

如图 1.7(a)所示，一个 PN 结两端各引出一个电极并在 PN 结外部加上外壳，就形成了二极管。由 P 区引出的电极称为阳极(或正极)，由 N 区引出的电极称为阴极(或负极)。

由于二极管内部封装了一个 PN 结，且 PN 结具有单向导电性，因此二极管也具有单向导电性。正向电流从二极管的正极流入、负极流出。

二极管的图形符号如图 1.7(b)所示。

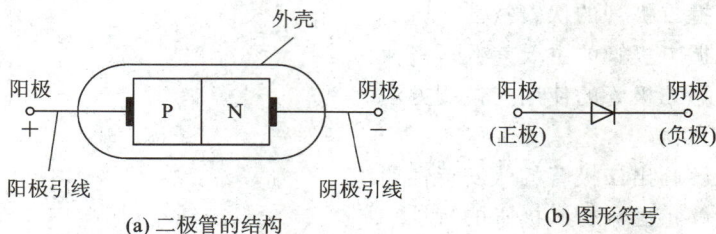

(a) 二极管的结构   (b) 图形符号

图 1.7   二极管的结构与图形符号

按照管芯结构接触面积的大小，二极管可分为点接触型、面接触型和平面型。点接触型二极管的结构如图 1.8(a)所示。由于点接触型二极管的 PN 结接触面积小，不能承受高的反向电压和大的正向电流，因此仅在小电流状态下使用，适用于高频检波、脉冲数字电路里的开关元件或小电流的整流管。面接触型、平面型二极管的结构分别如图 1.8(b)、(c)所示，这两种二极管的 PN 结接触面积大，截流量大，能通过较大的电流，但是其结电容大，故只能在较低的频率下工作。

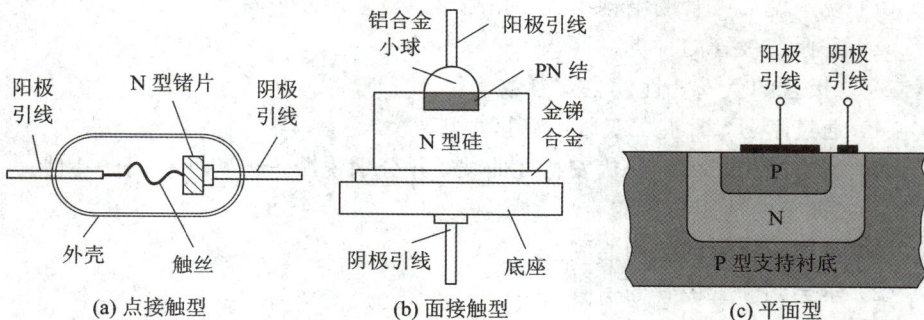

(a) 点接触型   (b) 面接触型   (c) 平面型

图 1.8   二极管的类型

按制造所用的半导体材料，二极管可分为硅二极管和锗二极管。硅二极管多为面接触型，允许的工作温度较高，有的高达 150～200℃；锗二极管多为点接触型，允许的工作温度较低，只能在 100℃ 以下工作。

按不同的使用用途，二极管可分为普通二极管、整流二极管、开关二极管和稳

压二极管等。普通二极管常用于型号检测、取样、小电流整流等；整流二极管广泛
应用于各种电源设备中对不同功率进行整流；开关二极管广泛用于数字电路和控制
电路中；稳压二极管用于各种稳压电源和晶闸管电路中。

二、二极管的伏安特性及主要参数

1. 二极管的伏安特性

二极管的内部是 PN 结，所以二极管的伏安特性本质上就是 PN 结的伏安特性。
二极管的伏安特性是指流过二极管的电流和加在二极管两端电压之间的关系，伏安
特性用曲线的形式描绘出来，就是伏安特性曲线，如图 1.9 所示。

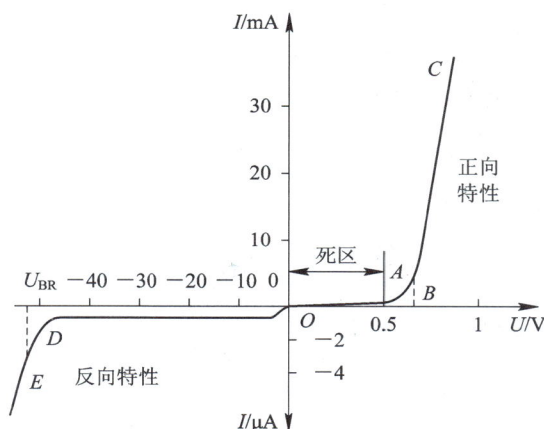

图 1.9　二极管的伏安特性曲线

1）正向特性

当二极管两端电压为零，内部电流也为零时，二极管的 PN 结处于平衡状态，
即图中的坐标原点。当外加正向电压开始增加但外电场还不足以抵消 PN 结内电场
时，内电场对多子扩散运动的阻力使扩散电流仍几乎为零，二极管不能导通，处于
正向截止状态（死区）。只有当外加正向电压大于某数值时，外电场才足以抵消内电
场，使扩散电流开始快速增加，该数值称为二极管的死区电压（硅二极管的死区电
压约为 0.5 V，锗二极管的死区电压约为 0.1 V）。

当正向电压大于死区电压时，正向电流急剧增大，二极管处于导通状态。一般
硅二极管的导通电压约为 0.7 V，锗二极管的导通电压约为 0.3 V。二极管外加正
向电压所得到的电压和电流关系称为正向特性。

2）反向特性

当二极管两端外加反向电压，二极管反向偏置时，外电场与内电场的方向一
致，使 PN 结的空间电荷区变宽，只有少数载流子进行漂移运动，形成的反向电流
很微弱，且在一定范围内几乎保持不变，该电流值称为反向饱和电流，此时二极管
呈高电阻，几乎处于截止状态。一般情况下，硅二极管的反向饱和电流为几微安以
下，锗管的为几十到几百微安。这种特性称为反向截止特性。

3) 反向击穿特性

当反向电压继续增大，并超过一定数值时，反向电流急剧增大，这种现象称为二极管的反向击穿，此时对应的反向电压称为反向击穿电压。反向击穿是由于外电场过强，将被共价键束缚的电子强行拉出，形成自由电子和空穴，大量的电子高速运动又会发生碰撞，从而形成更多的载流子，使二极管失去单向导电性。如果在电路中采取限流措施，将电流限制在一定的范围内，使二极管不热，击穿后的二极管就不会被烧坏，这种情况称为"电击穿"。但是如果反向电流过大，二极管就会因发热而被烧坏，这种情况称为"热击穿"。除稳压二极管工作在反向击穿状态，其他普通的二极管不允许工作在反向击穿状态。

2. 主要参数

二极管的参数是定量描述二极管性能、质量和安全工作范围的重要数据，更是合理选择和正确使用二极管的依据。因此为了正确选用二极管及判断其性能好坏，以充分发挥二极管的作用，必须对二极管的主要参数进行了解。二极管的主要参数见表 1.1。

表 1.1　二极管的主要参数

参数名称	表示符号	内　容
最大整流电流	I_{FM}	最大整流电流是指二极管在长期工作的情况下，允许流过的最大正向平均电流。在使用二极管时，通过二极管的电流应该小于此最大整流电流，否则会由于电流过大，导致 PN 结过热烧坏二极管。最大整流电流一般与 PN 结的材料、面积及散热条件有关。通常来讲，PN 结的面积越大，最大整流电流就越大。一般点接触型二极管的最大整流电流在几十毫安以下，而面接触型二极管的最大整流电流值可达数百安培以上
最大反向工作电压	U_{RM}	最大反向工作电压是指为了确保二极管安全使用，不被反向击穿所允许施加的最大反向工作电压，一般是反向击穿电压的 1/2 或 2/3。一般点接触型二极管的最大反向工作电压较小，为数十伏以下，而面接触型二极管的最大反向电压较大，可达数百伏
最大反向电流	I_{RM}	最大反向电流是指二极管两端所加最高反向工作电压时的反向电流，该电流值一般很小。其值越小，说明二极管的单向导电性越好，反之越差。最大反向电流受温度影响较大，当温度升高时，该值显著增大
最高工作频率	f_M	最高工作频率是指二极管保持正常工作时能够承受的最高工作频率。该值取决于二极管内 PN 结结电容的大小，结电容越大，二极管的最高工作频率越低。若工作频率超过该值，则二极管的单向导电性将会变差

三、二极管的选用与检测

二极管在各种电路中的应用广泛，在电路检查与维修过程中，经常会遇到各种各样的二极管，因此必须掌握二极管的选用及检测方法。

1. 二极管的选用与检测方法

1）二极管的选用

在选用二极管时，应该遵循以下两个原则：

（1）所选二极管的参数必须满足实际电路的要求。

（2）整流电路中，首选硅二极管，因为硅二极管稳定性较好；高频检波电路中，首选锗二极管。

2）二极管的引脚识别方法

在连接电路时，需要对二极管的引脚进行识别，一般情况下二极管的管壳上会有阳极、阴极的识别标记。对于无法判别极性的二极管，可用万用表的电阻挡来测量二极管的正反向电阻值，从而来判别其阳极和阴极。具体方法：一般使用万用表欧姆挡的 $R×2k$ 或 $R×200$ 挡来测量二极管的电阻值，若测得的电阻值较小，则说明二极管在万用表内置电池的偏置下正向导通，此时与黑表笔接触的一端为二极管的阳极，与红表笔接触的一端为阴极；若测得的电阻值很大，则与黑表笔接触的一端为二极管的阴极，与红表笔接触的一端为阳极。

3）二极管的检测方法

如图 1.10(a) 所示，把万用表红表笔接二极管的阴极，黑表笔接二极管的阳极，测得的是二极管的正向电阻。一般来说，正向电阻越小越好，若正向电阻值为 0，说明二极管内部管芯短路损坏；若正向电阻接近无穷大，说明二极管内部管芯断路。这两种情况的二极管都不能正常使用。如图 1.10(b) 所示，将万用表的黑表笔接二极管的阴极，红表笔接二极管的阳极，测得的是二极管的反向电阻，若测得的电阻值为无穷大，那么二极管就是合格的。

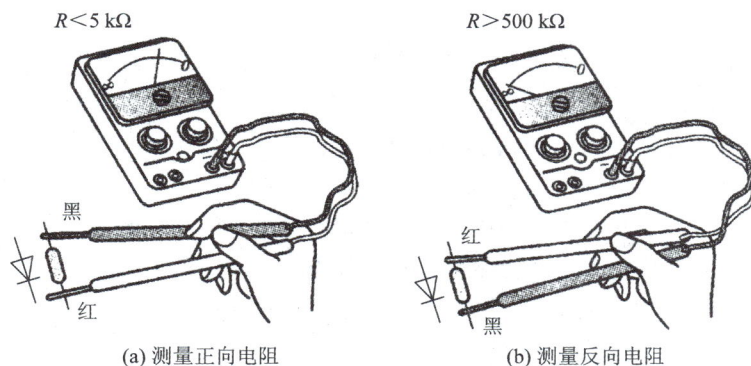

(a) 测量正向电阻   (b) 测量反向电阻

图 1.10　二极管的检测

2. 万用表的使用方法

万用表最基本的几个功能包括：通断的测量、电阻的测量、直交流电压的测量、直交流电流的测量、二极管的测量、三极管检测等。

1）认识万用表面板

万用表面板如图 1.11 所示。

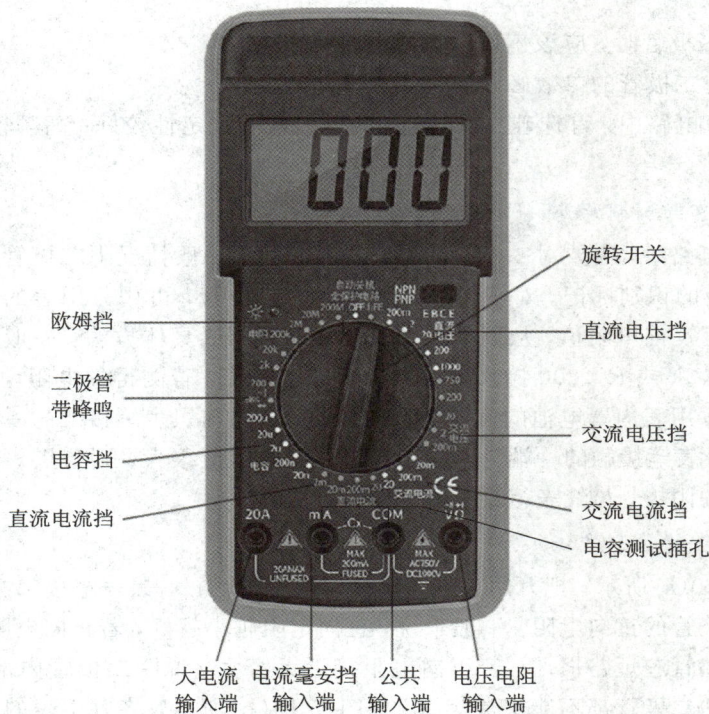

欧姆挡
二极管带蜂鸣
电容挡
直流电流挡

旋转开关
直流电压挡
交流电压挡
交流电流挡
电容测试插孔

大电流输入端　电流毫安挡输入端　公共输入端　电压电阻输入端

图 1.11　万用表面板介绍

（1）欧姆挡：电阻分 200 Ω、2 kΩ、20 kΩ、200 kΩ、2 MΩ、20 MΩ、200 MΩ 七挡。

（2）交流电压挡：分 200 mV、2 V、20 V、200 V、750 V 五挡。

（3）直流电压挡：分 200 mV、2 V、20 V、200 V、1000 V 五挡。

（4）直流电流挡：分 2 mA、20 mA、200 mA、20 A 四挡。

（5）交流电流挡：分 20 mA、200 mA、20 A 三挡。

（6）hFE：三极管 β 测量，有 NPN 和 PNP 两种型号管子的插孔。

（7）二极管带蜂鸣：二极管测量，电路通断测量。

（8）COM：公共输入端。

（9）mA：电流毫安挡输入端。

（10）20A：大电流输入端。

（11）VΩ：电压电阻输入端。

（12）电容挡：分 20 nF、200 nF、2 μF、20 μF、200 μF 五挡。

2）电阻的测量

测量电阻的步骤如下：

（1）将红表笔插入 VΩ 孔。

（2）将黑表笔插入 COM 孔。

（3）将旋转开关旋到欧姆挡适当位置。

（4）分别用红、黑表笔接到电阻两端金属部分。

（5）读出显示屏上显示的数据。

在测量电阻时要注意以下几点：

（1）量程的选择和转换。量程选小了显示屏上会显示"1"，此时应换用更大的量程；反之，量程选大了，显示屏上会显示一个接近"0"的数，此时应换用更小的量程。

（2）当没有连接好时，例如开路情况，显示屏显示"1"。

（3）显示屏上的数字再加上挡位选择的单位就是电阻的读数。

3）电压的测量

测量电压的步骤如下：

（1）将红表笔插入 VΩ 孔。

（2）将黑表笔插入 COM 孔。

（3）将旋转开关旋到直流电压挡或交流电压挡适当位置。

（4）将红、黑表笔并联在被测元件两端。

（5）读出显示屏上显示的数据。

在测量电压时要注意以下几点：

（1）注意区分电压是直流还是交流。

（2）若在数值左边出现"－"，则表明表笔极性与实际电源极性相反，此时红表笔接的是负极。

4）电流的测量

测量电流的步骤如下：

（1）将红表笔插入合适的电流孔，若测量大于 200 mA 的电流，则将红表笔插入"20A"插孔并将旋转开关打到直流"20A"挡；若测量小于 200 mA 的电流，则将红表笔插入 "mA"插孔，将旋转开关打到直流 200 mA 以内的合适量程。

（2）将黑表笔插入 COM 孔。

（3）将万用表串联进电路中，保持稳定，即可读数。

在测量电流时要注意以下几点：

（1）若显示屏显示"1"，则表明选择的量程过小，此时就要加大量程。

（2）如果在数值左边出现"－"，则表明电流从黑表笔流进万用表。

5）通断的测量

通断的测量步骤如下：

（1）将红表笔插入 VΩ 孔。

（2）将黑表笔插入 COM 孔。

（3）将万用表的旋转开关旋转到二极管标识符所处的位置。

（4）将红、黑两表笔短接，若听到蜂鸣器发出响声，则说明该挡可以正常使用。

（5）将红、黑表笔分别放置于测量线路中的两点，若有蜂鸣声则说明两点间电路导通没有发生断路现象，反之，两点间断路。

思考练习

1. 请说一说二极管的结构组成。

2. 请画出二极管的图形符号。

3. 按照管芯结构接触面积的大小，二极管可分为_____。

4. 二极管正向导通的最小电压称为_____电压，使二极管反向电流急剧增大所对应的电压称为_____电压。

5. 在常温下，硅二极管的死区电压约为_____V，导通电压约为_____V。

6. 二极管外加反向电压时，最大反向电流越_____，说明二极管的单向导电性能越好。

7. 试分析以下两种情况二极管的故障是什么？

（1）二极管的正、反向电阻都很大。

（2）二极管的正、反向电阻都很小。

课程思政

　　通信技术发展水平的高低，对一个国家的科技地位和经济地位有着极大的影响，其中光通信技术中少不了发光二极管和光敏二极管，而目前美国、日本企业的核心光芯片、电芯片、光器件等占据着全球市场领先地位。作为中国新青年，更应以实现中华民族伟大复兴为己任，勇于创新，善于实干。

任务三　二极管整流电路

任 务 单

一、学习目标

（一）知识目标

　　（1）掌握二极管的整流特性；

　　（2）掌握二极管的钳位特性；

　　（3）掌握二极管的限幅作用；

　　（4）掌握二极管的检波作用。

（二）能力目标

　　（1）能够画出二极管的整流电路；

　　（2）能够对照电路图连接实物图；

　　（3）学会使用示波器，能够根据要求绘制输入、输出波形。

（三）素质目标

　　（1）具有团队协作能力；

　　（2）具有分析问题、解决问题的能力。

二、任务分析

　　你知道手机电源适配器是如何将 220 V 的交流电转换成 5 V 直流电的吗？

　　输入 220 V 的交流电压，首先通过变压电路将电压降到 13 V，再通过整流电路将交流电路转换成方向不变的脉冲直流电，随后通过滤波电路对电压降噪，最后通过稳压电路，使输出的电压稳定在 5 V。在这个转换电路中有着一个非常重要的元器件，那就是二极管。

　　利用二极管可以设计出三种整流电路：半波整流、桥式全波整流、全波整流电路。其中桥式全波整流电路充分利用了输入交流电压的整个周期，故电源利用率高，输出电压比半波整流电路高一倍，脉动成分大大减少。因此，桥式全波整流电路广泛用于各类家电、仪器等电子设备中。除此之外，二极管还具有限幅、检波、钳位作用。

（一）整流电路

　　（1）分别说一说半波整流、桥式全波整流、全波整流电路的原理；

　　（2）分别绘制输入、输出波形。

（二）限幅电路

　　（1）绘制单向限幅电路的波形；

　　（2）绘制双向限幅电路的波形。

知识储备

二极管具有单向导电性，在实际的生活生产中有着非常广泛的应用。普通二极管在电路中主要有整流、检波、钳位、限幅、元件保护等作用。除此之外，普通二极管在数字电路中还可作为开关元件。

一、整流电路

整流就是指利用二极管的单向导电性，将大小和方向都变化的交流电变为单方向脉动的直流电，再经过滤波电路、稳压电路，使输出的直流电稳定。

1. 半波整流电路

半波整流电路是一种利用二极管的单向导电性来进行整流的常见电路。图 1.12 所示为二极管的半波整流电路，220 V 的交流电压通过变压电路，得到输入电压 u_2，当电压 u_2 处于正半周，即输入电压极性为 A 正 B 负时，二极管 V_D 处于导通状态，忽略二极管的正向压降值，在电阻 R_L 的两端的输出电压 u_o，其大小与 u_2 相等；当输入电压 u_2 处于负半周，即输入电压极性为 A 负 B 正时，二极管 V_D 处于截止状态，

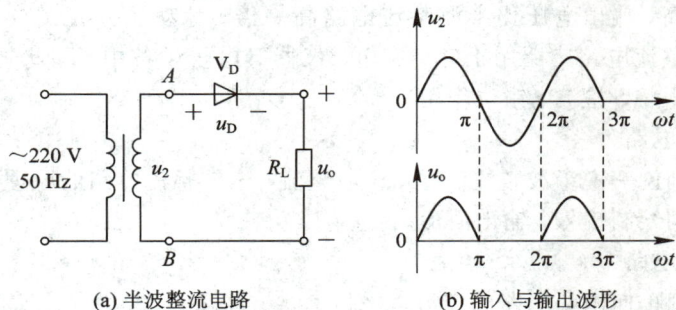

(a) 半波整流电路　　　　　(b) 输入与输出波形

图 1.12　二极管的半波整流电路

电阻 R_L 上没有电流通过，所以此时输出的电压 u_o 为零。由于该电路是除去半周、剩下半周的整流方法，因此称为半波整流。

> **小知识**：家里常用的电热毯就用到了半波整流电路，当将电热毯调到低温挡位时，电路上串联一个二极管，使电热线上只得到一半的电压，降低了发热量。

2. 桥式全波整流电路

全波整流电路，顾名思义是指将交流电中的两个半波全部转换过来的电路。这就提高了整流器的效率，并使已整电流更加平滑。因此全波整流广泛应用于整流器中。

图 1.13 所示为二极管的桥式全波整流电路。变压电路将交流电 u_1 变为输入电压 u_2，当输入电压 u_2 处于正半周，即输入电压极性为 A 正 B 负时，二极管 V_{D1}、V_{D3} 处于导通状态，电流由 A 点流出，经 V_{D1}、R_L、V_{D3} 回到 B 点，此时电流经过 R_L 时，方向是自上而下的，因此输出电压 u_o 的方向为上正下负，忽略二极管的正向压降值，u_o 大小与 u_2 相等；当输入电压 u_2 处于负半周，即输入电压极性为 A 负 B 正时，二极管 V_{D2}、V_{D4} 处于导通状态，电流由 B 点流出，经 V_{D2}、R_L、V_{D4} 回到 A 点，此时电流经过 R_L 时，方向还是自上而下的，输出电压 u_o 的方向同样为上正下负，u_o 大小与 u_2 相等。这样就得到了将两个半波全部转换过来的输出电压。

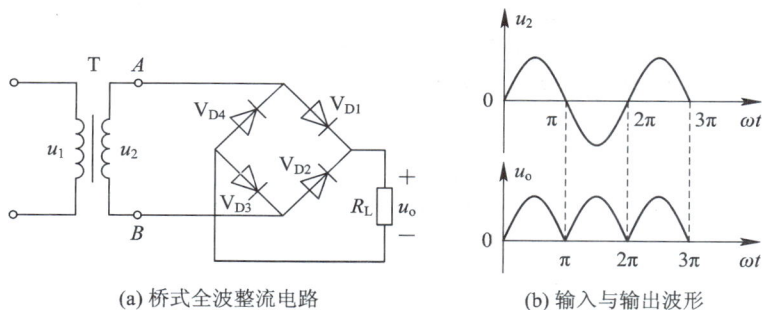

(a) 桥式全波整流电路　　　(b) 输入与输出波形

图 1.13　二极管的桥式全波整流电路

在实际的电路中，通常将桥式全波整流电路中的 4 个二极管制作在一起，封装成一个元件，称为整流桥。

3. 全波整流电路

全波整流电路与桥式全波整流电路的整流效果完全相同，只是少了两只二极管，因此电路的内阻会减少，但是要求变压器的中心要有抽头，并且整流二极管的最高反向工作电压比桥式整流高一倍。

请对图 1.14 所示全波整流电路进行分析，说出其工作原理，并在框图中绘制输出波形。

图 1.14 二极管的全波整流电路

二、限幅电路

限幅电路是指将输出电压限制在某一数值以内的电路。利用理想二极管正向导电后压降很小的特点，可构成各种限幅电路。限幅电路在计算机、电视机等很多电子电路中应用广泛。

1. 单向限幅电路

为了方便分析，假设二极管 V_D 为理想二极管，即忽略二极管的正向压降和反向电流。单向限幅电路如图 1.15 所示，设输入信号 $u_i = U_m \sin(\omega t)$，E 为限幅电压，且 $E < U_m$。当输入电压 $u_i > E$ 时，二极管 V_D 处于正向导通状态，此时输出电压 $u_o = E$，输入电压超出 E 的部分分压到了电阻 R 上，即 $u_i = u_R + E$；当输入电压 $u_i < E$ 时，二极管 V_D 反向截止，电路中的电流为零，在电阻 R 上的压降为零，此时输出电压 $u_o = u_i$。这样通过该电路就可以实现输入电压正半周超出 E 的部分被限制住，保证输出电压的值小于或等于 E。

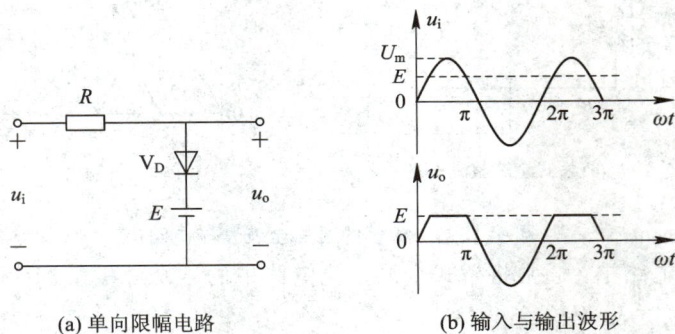

(a) 单向限幅电路 (b) 输入与输出波形

图 1.15 单向限幅电路

2. 双向限幅电路

如图 1.16 所示，在单向限幅电路中并联一个 V_D、E 反方向串联的支路，就可以实现双向限幅。

设输入信号 $u_i = U_m \sin(\omega t)$，E_1、E_2 为限幅电压，且 E_1、E_2 均小于 U_m。输入电压 u_i 处于正半周时，双向限幅电路的限幅过程同单向限幅电路。当输入电压 u_i 处于负半周时，若 $u_i < -E_2$，则 V_{D2} 处于正向导通状态，输出电压 $u_o = -E_2$；反之，若

$u_i > -E_2$，则 V_{D2} 处于反向截止状态，$u_o = u_i$。通过分析可知，双向限幅电路的输出电压被限制在 $+E_1$ 和 $-E_2$ 之间，即把输入信号的高峰和低谷都削掉了。

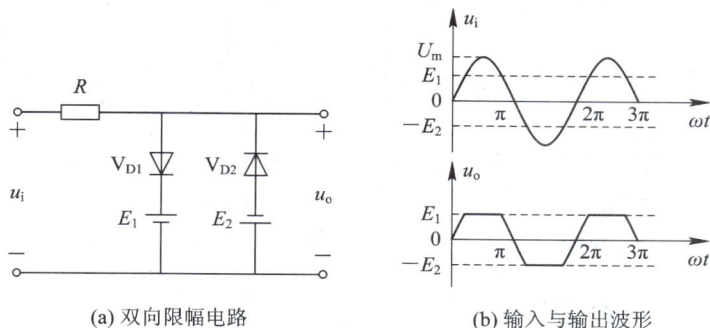

(a) 双向限幅电路   (b) 输入与输出波形

图 1.16 双向限幅电路

三、钳位电路

由于二极管正向导通时正向压降很小，基本可以忽略，因此可强制使其阳极电位与阴极电位基本相等，这种作用称为二极管的钳位作用。钳位电路是使输出电位保持在某一数值不变的电路，应用很广泛，尤其在数字电路中应用最广，例如与门电路就是一种非常典型的钳位电路。

图 1.17 所示为二极管的钳位电路。该电路是数字电路中最基本的与门电路，A、B 分别为输入端，F 为输出端。

当 $U_A = U_B = 0$ V 时，二极管 V_{D1}、V_{D2} 均处于正向导通状态，忽略二极管的正向压降，此时输出电压 $U_F = 0$ V；当 $U_A = U_B = 3$ V 时，二极管 V_{D1}、V_{D2} 也承受了正向压降，所以均处于正向导通状态，此时输出电压 $U_F = 3$ V；当 $U_A = 0$ V，$U_B = 3$ V 时，二极管 V_{D1} 优先导通，F 端的电位限制在 0 V，那么 V_{D2} 承受反向偏置电压，处于截止状态，即 $U_F = 0$ V；当 $U_A = 3$ V，$U_B = 0$ V 时，输出电压 $U_F = 0$ V。

请将输入与输出表（见表 1.2）填写完整。

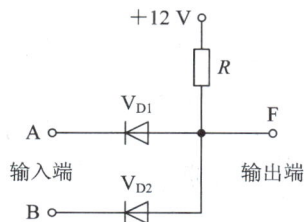

图 1.17 钳位电路

表 1.2 输入与输出表

U_A	U_B	U_{D1}	U_{D2}	U_F
0 V	0 V			
3 V	3 V			
0 V	3 V			
3 V	0 V			

四、检波电路

为了进行远距离传输信号，需要将低频信号调制到高频上，那么将原信号解调出来，就称为检波。检波电路在调幅收音机、电视机中应用很多。如图 1.18 所示，u_i 为调制信号，利用二极管的单向导电性，将调制信号的负半周削去，再经过电容 C

滤掉高频信号，从而可以使负载得到低频信号。

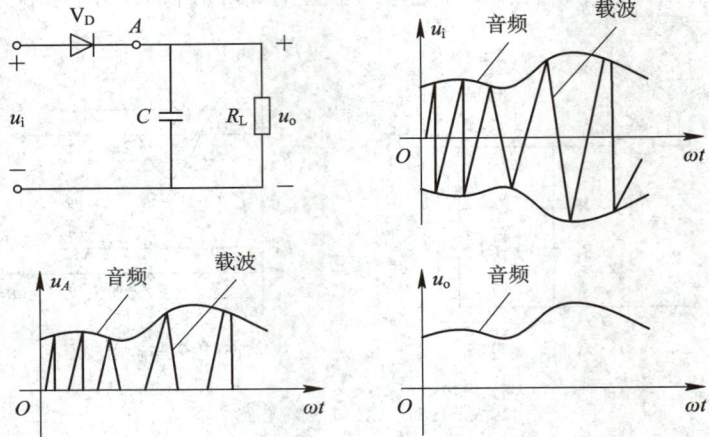

图 1.18　检波电路图及输入、输出信号

五、特殊二极管

除普通二极管外，还有若干种特殊二极管，如发光二极管、光敏二极管和稳压二极管等。它们具有特殊的功能，在某些电路中应用也很广泛。

1. 发光二极管

发光二极管的英文简称为 LED，当发光二极管正向导通时，电子与空穴复合可将多余的能量释放出来，从而高效地将电能转化为光能。发光二极管具有广泛的用途，如照明、指示灯显示等。发光二极管是由含镓（Ga）、砷（As）、磷（P）、氮（N）等的化合物制成的，其中砷化镓二极管发红光，磷化镓二极管发绿光，碳化硅二极管发黄光，氮化镓二极管发蓝光。

发光二极管的图形符号如图 1.19 所示。

图 1.19　发光二极管的图形符号

2. 光敏二极管

光敏二极管利用了半导体材料的光敏特性，其在电路中一般处于反向工作状态。当没有光照时，其反向电阻很大，二极管中只有很小的电流；当光照增强时，半导体材料中的电子空穴对增多，反向电阻大大减小，当外加反向电压时，反向电流随之增加。利用光敏二极管的这一特性，可将光敏二极管制成光电传感器，从而用来控制电路或者测量电路。光敏二极管的图形符号如图 1.20 所示。

3. 稳压二极管

稳压二极管又叫作齐纳二极管，是利用特殊工艺制成的面接触型二极管，保证二极管工作在反向击穿区而不被损坏。分析稳压二极管的伏安特性（见图 1.21(a)）可知，当 PN 结处于反向击穿状态时，它两端的电压基本上不随电流的变化而变化，因此利用 PN 结的这一特点，可以起到稳压的作用。

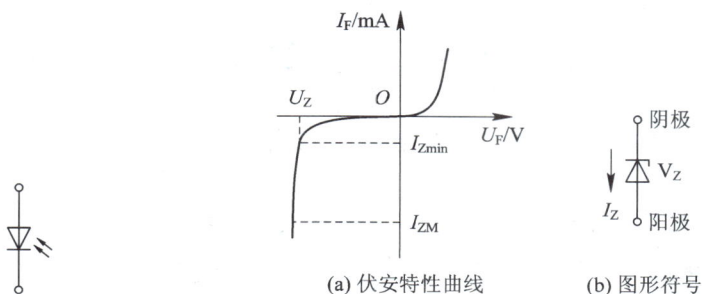

(a) 伏安特性曲线　　(b) 图形符号

图 1.20　光敏二极管的图形符号　图 1.21　稳压二极管的伏安特性曲线和图形符号

稳压二极管的主要参数如下：

（1）稳定电压 U_Z：稳压二极管反向击穿后稳定工作的电压值。

（2）稳定电流 I_{Zmin}：稳压二极管稳定工作时的最小电流值。当稳压二极管中通过的实际电流小于最小电流值时稳压效果变差，甚至会失去稳压作用。在稳压二极管的额定功率范围内，通过的电流越大，稳压效果越好。

（3）最大稳定电流 I_{ZM}：稳压二极管允许通过的最大反向电流。

（4）动态电阻 r_Z：正常工作时，稳压二极管的电压变化量与相应电流变化量的比值。动态电阻越小，稳压效果越好。

动态电阻计算公式如下：

$$r_Z = \frac{\Delta U_Z}{\Delta I_Z} \qquad (1-1)$$

（5）最大允许耗散功率 P_{ZM}：最大稳定电流与相应稳定电压的乘积。当稳压二极管中通过反向电流时，耗散的功率会使 PN 结发热，当超过最大功率损耗时，二极管会发生热击穿而损坏。

思考练习

1．请思考半波整流电路的缺点是什么？

2．交流电通过整流电路后得到的输出电压是＿＿＿＿＿＿。

3．要使稳压二极管具有稳压作用，必须使其工作在＿＿＿＿＿＿。

课程思政

　　整流电路是由多个二极管连接而成的，它们之间是相互依存、相互作用的。这其中蕴含的道理与党的二十大报告中构建人类命运共同体的理念是一致的，只有世界各国和睦相处、合作共赢，繁荣才能持久，安全才有保障。

实训一　二极管伏安特性的测试

根据电路图连接实物，并测定二极管的特性。

1. 实训设备。

直流可调稳压电源、电压表、毫安表、万用表。

2. 请根据电路图（见图 1.22）列出需领取的材料。

3. 请利用万用表判断二极管的正负引脚。

4. 请说一说如何用万用表测试二极管的性能好坏。

5. 按电路图（见图 1.22）接线，并测定二极管的正向特性。

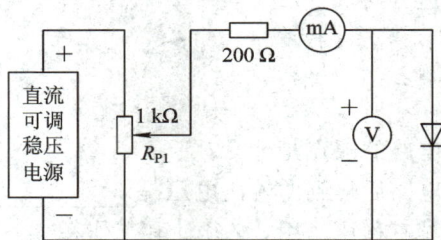

图 1.22　二极管实训电路

将电源电压调至 2 V 左右，然后按表 1.3 所示用电位器调节输出电压，并填写表 1.3。

表 1.3　二极管正向特性

u_D/V	0	0.05	0.10	0.15	0.20	0.30	0.40	0.50	0.60	0.70
i_D/A										

6. 在上述实训中，将二极管反接，以微安表替代毫安表，将电源电压调至 10 V，测定二极管的反向饱和电流 $I_R =$ _____ μA。

实训二 二极管整流电路的制作与测试

请动手制作二极管整流电路，说出整流电路的工作原理，并绘制电压输入和输出波形。

1. 实训设备。

示波器、电烙铁、万能实验板、万用表。

2. 请根据表1.4领取所需要的材料。

表1.4 桥式全波整流电路所需材料

序号	材料名称	型 号	领取数量
1	变压器 T	220V/15V，2A/35A	1只
2	二极管	1N4001	4只
3	电阻	10k/0.25W	1只
4	导线		若干

3. 按照图1.23所示电路图连接实际电路。

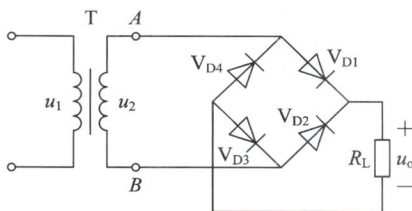

图 1.23 桥式全波整流电路

4. 写出整流电路的工作原理。

5. 利用示波器测量变压器输出电压 u_2、电阻两端电压 u_o，并分别画出对应波形。

6. 利用万用表测得变压器输出电压 u_2 为____V，整流输出电压 u_o 为____V。

项目二　基本放大电路的分析与测试

项目描述

　　放大器在许多现代电子设备中有广泛用途。例如，电视机天线接收到的信号只有微伏数量级，经过放大后才能推动扬声器和显像管工作；自动控制设备把反映压力、温度或转速等微弱的电信号加以放大后，以推动各种继电器达到自动调节的目的。早期的放大器是用分立元件制成的，近年来许多电子设备中的放大器已用集成电路制成。而一个性能良好且复杂的分立元件放大器或集成放大器组件的内部电路都是由一些基本的放大电路组成的。

　　本项目主要介绍基本放大电路和功率放大电路的工作原理、特点以及分析方法。这些原理和方法是学习、分析和制作复杂放大电路的基础。

项目目标

1. 知识目标

（1）掌握三极管的结构及内部载流子的运动；

（2）掌握三极管的输入和输出特性及三个工作区域；

（3）了解放大电路的组成及性能指标；

（4）掌握共发射极放大电路的工作原理；

（5）掌握放大电路的图解分析法、计算分析法；

（6）了解影响静态工作点变动的主要因素，掌握具有稳定工作点的偏置电路；

（7）了解场效应管放大电路的工作原理，掌握主要性能指标的计算；

（8）了解多级放大电路的组成，掌握分析计算方法；

（9）了解放大电路的放大倍数与频率的关系以及相应的性能指标。

2. 能力目标

（1）能够用万用表测试三极管的参数；

（2）能对放大电路的静态工作点进行调整与测试；

（3）能制作与调试单管交流电压放大器。

3. 素质目标

（1）在实训项目中培养严谨认真的态度；

（2）在团队任务中培养协同合作的精神；

（3）增强民族自信、文化自信。

任　务　单

一、学习目标

（一）知识目标

（1）了解三极管的结构；

（2）掌握三极管的电流分配关系及放大原理；

（3）掌握三极管的输入输出特性；

（4）了解三极管的主要参数的含义。

（二）能力目标

（1）会用万用表检测三极管的质量，能够判断三极管的管脚；

（2）会查阅半导体器件手册，并能按照要求选用三极管。

（三）素质目标

（1）培养综合运用科学知识解决问题的能力；

（2）激发学生的创新思维能力。

二、任务分析

三极管是一种控制电流的半导体器件，可以把微弱的信号放大，在电子电路中既可作为放大元件，也可作为开关元件，应用非常广泛。

（一）认识半导体三极管

半导体三极管又称为晶体三极管、晶体管或三极管。由于三极管内部有两个 PN 结，在工作时，电子和空穴两种载流子都起作用，所以又将半导体三极管称为双极型晶体管或双极结型晶体管。通过学习，学生应掌握三极管的结构组成及分类。

（二）三极管的放大作用

放大电路的核心就是三极管，本任务主要学习三极管具备放大作用的条件、内部载流子的运动及电流分配情况。

（三）三极管的伏安特性

三极管的特性曲线指各电极电压与电流之间的关系曲线，是三极管内部载流子运动的外部体现，是选择三极管、分析和设计三极管放大电路的基本依据。根据输出曲线，说出三极管的三个工作状态，并根据工作条件，判断其状态。

（四）三极管的检测

会判断三极管的管脚，能利用万用表检测三极管的质量是否符合要求。

三、总结反思

（1）想一想你学到了哪些新知识；

（2）想一想你掌握了哪些新技能；

（3）你对自己在本任务中的表现满意吗？写出课后反思。

知识储备

一、认识半导体三极管

1. 三极管的结构

三极管的种类很多，但不管是哪种三极管，都是由两个 PN 结、三个区、三个电极组成的，其基本原理也相同。三极管的三个区分别是集电区、基区、发射区。发射区和基区之间的 PN 结叫发射结，集电区和基区之间的 PN 结叫集电结。三个电极分别从三个区引出，称为集电极、基极和发射极。如图 2.1 所示，按三个区的组合形式不同，三极管可以分为 NPN 型和 PNP 型两种。NPN 型三极管的基区为 P 型半导体，发射区和集电区为 N 型半导体。PNP 型三极管的基区为 N 型半导体，发射区和集电区为 P 型半导体。这两种三极管具有几乎等同的特性，主要区别在于各电极间的电压极性和各电极电流方向不同。三极管图形符号中发射极的箭头方向表示发射结正向偏置时的电流方向，根据这个箭头方向可以判断三极管的类型，即发射极箭头向外的为 NPN 型，反之为 PNP 型。

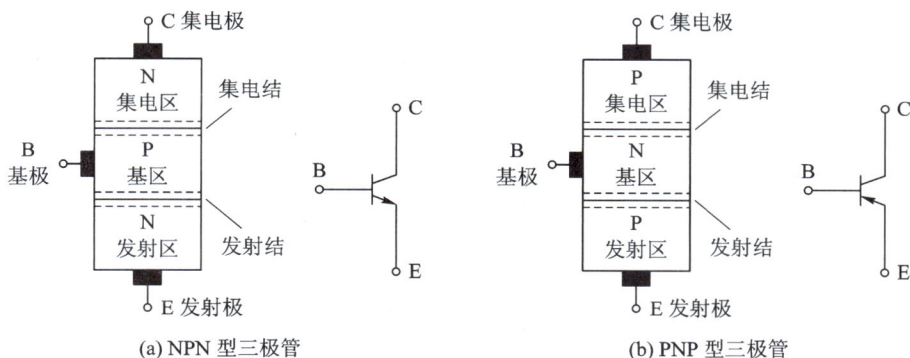

(a) NPN 型三极管　　　　　　　　(b) PNP 型三极管

图 2.1　三极管的结构与图形符号

2. 三极管的分类

按材料不同，三极管可分为锗管、硅管。锗管受温度影响大，稳定性差，硅管受温度影小，稳定性好。

按功率不同，三极管分可分为小、中、大功率管，其中小功率管耗电功率小于

1 W，大功率管的耗电功率大于 1 W。

按频率高低不同，三极管可分为高频管和低频管，高频管的频率 $f_M > 3$ MHz，低频管的频率 $f_M < 3$ MHz。

依据用途不同，三极管还可以分为普通放大三极管和开关三极管。

二、三极管的放大作用

1. 三极管的放大条件

放大电路的应用十分广泛，在收音机、扩音机等生活常见的电子设备中很常见。除此之外，一些精密测量仪器和自动控制系统中，也都有着各种各样的放大电路。放大电路是将信号的幅度由小增大，其本质是实现能量的控制。由于输入信号（如收音机天线接收到的信号）很微弱，它的能量不足以推动负载（如喇叭），所以需要提供另外的能源，输入信号控制这个能源输出较大的能量，从而推动负载。

要使三极管具备放大作用，必须同时满足内部结构条件和外部条件。

内部结构条件包括：

（1）发射区的掺杂浓度高，以提高发射结的发射效率；

（2）基区薄，通常只有几微米到几十微米，而且掺杂较少，以减少对载流子的截留；

（3）集电结的面积大于发射结的面积，以提高收集少子的能力。

要想实现电流放大的目的，就要控制三极管内部载流子的运动，此时必须给三极管加上合适的偏置电压，即三极管满足外部条件：发射结正偏（外加正向电压），集电结反偏（外加反向电压）。对于 NPN 型三极管，当 $U_{BE} > 0$ 时，发射结正偏，当 $U_{BC} < 0$ 时，集电结反偏；对于 PNP 型三极管，当 $U_{BE} < 0$ 时，发射结正偏，当 $U_{BC} > 0$ 时，集电结反偏。

2. 三极管内部载流子运动

下面以 NPN 型三极管为例，对内部载流子的运动与电流形成过程进行介绍（见图 2.2）。

1）发射区发射电子形成发射极电流 I_E

发射区掺杂浓度高，所以会产生大量的自由电子，当发射结正偏时，自由电子在外电场作用下被发射到基区，形成电流 I_{EN}，与此同时，基区中的多数载流子空穴向发射区扩散，形成电流 I_{EP}，由图 2.2 可知，$I_E = I_{EN} + I_{EP}$，由于发射区是重掺杂，注入基区的电子数远大于基区向发射区扩散的空穴数（一般高几百倍），所以在分析时，一般忽略这部分空穴的影响，即 $I_E \approx I_{EN}$。两个电源的负极同时向发射区补充电子形成发射极电流 I_E，它的方向与电子流方向相反。

2）电子在基区与空穴复合形成 I_B

发射区自由电子的注入会使基区靠近发射结处的电子浓度很高，而集电结反向作用使靠近集电结处的电子浓度很低，因此在基区会形成电子浓度差，因此电子会向集电区扩散。电子在基区中扩散时，将与少量的空穴相遇产生复合，同时接在基区的电源正极会从基区拉走自由电子从而形成空穴，电子复合的数目与电源从基区拉走的电子相等，使基区的空穴浓度维持不变，形成基极的主要电流 I_{BN}。此外，基区的少数载流子电子和集电区的少数载流子空穴，会在电场的作用下做漂移运动，形成反向饱和电流 I_{CBO}，该值一般很小。由图 2.2 可知，$I_B + I_{CBO} = I_{BN} + I_{EP}$，由于 I_{CBO}、I_{EP} 值可忽略不计，因此，$I_B \approx I_{BN}$。

3）电子被集电极收集形成 I_C

由于集电结反偏，且集电结的面积很大，所以从发射区发射出来的绝大多数载流子继续向集电结边缘扩散。在反偏电场的作用下，聚集到集电结边缘的载流子被收集到集电区，形成集电极电流 I_{CN}，并流向集电极电源正极。由图 2.2 可知，$I_C = I_{CN} + I_{CBO}$，I_{CBO} 值忽略不计，因此，$I_C \approx I_{CN}$。

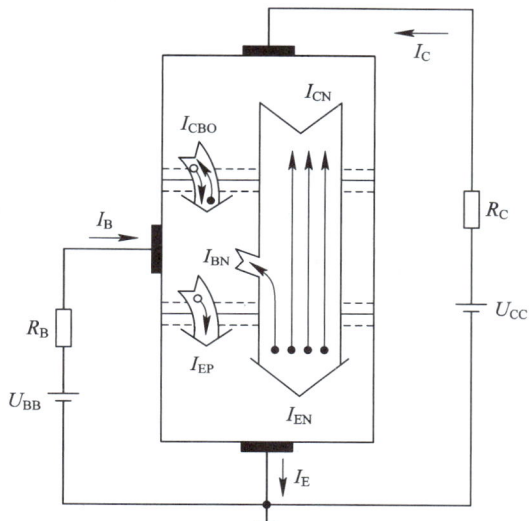

图 2.2　三极管内部载流子的运动

这样，三极管内部会因为载流子的运动而形成发射极电流 I_E、基极电流 I_B 和集电极电流 I_C。

3. 电流分配关系

三极管三个电极电流分别是：基极电流 I_B、集电极电流 I_C 和发射极电流 I_E。三个电流满足以下关系：发射极电流等于基极电流与集电极电流之和，即

$$I_E = I_B + I_C \tag{2-1}$$

由上式可知，三个电流满足基尔霍夫电流定律（KCL）。在 NPN 型三极管中，I_B 和 I_C 为流入电流，I_E 为流出电流，流入三极管的电流之和等于流出的电流之和。

三、三极管的伏安特性

三极管的特性曲线可以表示各电极电压与电流之间的关系，是三极管内部载流子运动的外部体现，是选择使用三极管、分析和设计三极管放大电路的基本依据。由于三极管是非线性元件，所以伏安特性曲线也是非线性的。

图 2.3 示出了测试三极管共发射极接法，基极与发射极构成输入回路，集电极

和发射极构成输出回路，发射极作为输入和输出回路的公共端。

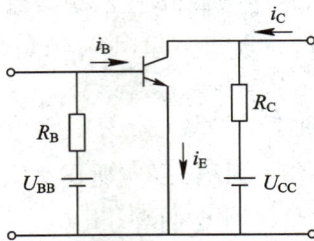

图 2.3　三极管特性测试电路

1. 输入特性曲线

如图 2.4(a)所示，输入特性曲线是指当集电极与发射极之间电压 U_{CE} 为常数时，输入电路中基极电流 i_B 与发射结电压 u_{BE} 之间的关系曲线。其关系表达式为

$$i_B = f(u_{BE}) \mid_{U_{CE}=常数} \qquad (2-2)$$

由于晶体管的基极与发射极之间的发射结，在本质上也是一个 PN 结，所以三极管的输入特性与 PN 结的正向特性相似，在输入特性上也会有一段死区。硅管死区电压约为 0.5 V，锗管死区电压约为 0.1 V，正常导通后，硅管的 u_{BE} 约为 0.6～0.7 V，锗管的 u_{BE} 约为 0.3 V。

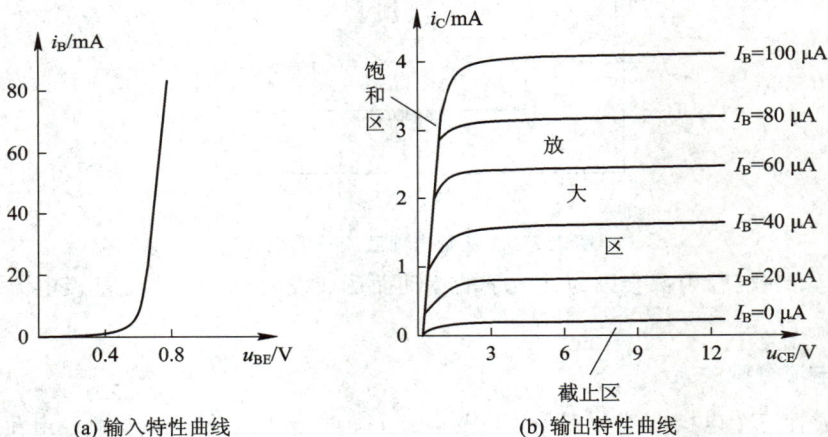

(a) 输入特性曲线　　　　　(b) 输出特性曲线

图 2.4　三极管的输入、输出特性曲线

2. 输出特性曲线

如图 2.4(b)所示，输出特性曲线是基极电流 I_B 为常数时，集电极电流 i_C 与集电结电压 u_{CE} 之间的关系曲线，其关系表达式为

$$i_C = f(u_{CE}) \mid_{I_B=常数} \qquad (2-3)$$

不同的 I_B，可得出不同的曲线，所以三极管的输出特性曲线是一组曲线。根据输出特性，可将曲线分为三个部分，对应三极管的三种工作状态。

1）截止区

截止区通常是指 $I_B = 0$ 的曲线以下区域，即 $I_B = 0$ 的曲线与横坐标之间的区域。要使三极管处于截止区，就需要使发射结处于死区或者是反偏状态，为了保证三极管可靠截止，通常给发射结外加反向电压。当三极管处于截止区时，$I_B＝0$、$i_C≈0$，此时三极管无放大作用。

2）放大区

当发射结正偏，集电结反偏时，三极管处于放大区，此时三极管具有放大作用，输出特性曲线近似为水平线，这是由于集电结反偏，发射区注入基区的电子绝大部分能够到达集电区，基区靠近集电结边界的非平衡电子浓度几乎为 0，不管 u_{CE} 如何增加，i_C 几乎不会变化。在放大区内，满足 $i_C＝\beta I_B$，此时三极管具备放大作用。

3）饱和区

输出特性曲线中靠近纵轴类似直线上升的部分称为饱和区。当发射结和集电结均正偏时，三极管处于饱和区，集电极电流 i_C 随着 u_{CE} 的变化而变化，不受基极电流 i_B 的控制，此时集电极与发射极之间接近短路，三极管失去放大作用，可看作开关接通状态。

3. 主要参数

三极管的参数是表示三极管的各种性能指标，可以用来表征三极管性能的优劣，也是设计电子电路、合理选用三极管的重要依据。三极管的参数很多，这里只选择三极管的主要参数进行介绍。

1）电流放大系数

在直流和交流两种情况下，三极管的工作状态不同，所以有直流放大系数 $\bar{\beta}$ 和交流放大系数 β 两种。

（1）共发射极直流电流放大系数 $\bar{\beta}$。

当共发射极电路中无交流信号输入的情况下，三极管工作在直流状态，此时称为静态。直流放大系数为集电极电流 I_C 与基极电流 I_B 之间的比值，用 $\bar{\beta}$ 表示，即

$$\bar{\beta} = \frac{I_C}{I_B} \qquad (2-4)$$

（2）共发射极交流电流放大系数 β。

电路中有交流信号输入时，称为动态。交流电流放大系数等于集电极电流 i_C 与相应的基极电流 i_B 的比值，是衡量三极管放大能力的重要指标，用 β 表示，即

$$\beta = \frac{i_C}{i_B} \qquad (2-5)$$

β 除了用上式进行计算，也可以由输出特性曲线得到。一般情况下，$\bar{\beta}$ 与 β 的大小比较接近，为方便起见，可认为两者相等。β 值越大，说明三极管的放大能力越强，但是值过大会使热稳定性变差，常用的小功率三极管 β 取值范围为 20～150，一般取 80 左右，大功率三极管的 β 值一般较小，范围为 10～30。

需要说明的是：被放大的集电极电流 i_C 是电源提供的，不是三极管自身制造或者生成的，三极管的实际作用是用小信号来控制大信号。

2）极间反向电流

极间反向电流用来表征三极管的工作稳定性，受温度影响很大，当其值过大

时，会导致三极管不能稳定工作，因此在工作中，其值越小越好。

（1）集电极-基极间反向饱和电流 I_{CBO}。I_{CBO} 是指当三极管发射极开路时，集电结外加反向电压时流过的反向电流。I_{CBO} 是少数载流子电流，因此值很小，但受温度影响较大，其值随温度升高而呈指数上升，从而会影响三极管的工作稳定性。在室温下，小功率硅管的 I_{CBO} 小于 $1~\mu A$，小功率锗管的 I_{CBO} 大于 $1~\mu A$，因此在环境温度变化较大的情况下一般选择硅管。

（2）集电极-发射极反向电流 I_{CEO}。I_{CEO} 是指在基极开路，集电结反偏、发射结正偏时，集电极与发射极之间的反向电流。该电流从集电极穿过基区到达发射极，所以又叫穿透电流。I_{CEO} 与 I_{CBO} 的关系为

$$I_{CEO} = (1 + \beta)I_{CBO} \tag{2-6}$$

I_{CEO} 受温度影响更大，是衡量三极管质量好坏的重要参数之一，其值越小越好。

3）极限参数

极限参数是三极管安全工作的重要指标，包括三极管的电流、电压、功率等的极限值。

（1）反向击穿电压。反向击穿电压指极间允许加的最高反向电压，三极管在使用时，如果反向电压超过该值，会使反向电流急剧增加，从而可能会造成集电结反向击穿而损坏。

基极开路时，集电极-发射极反向击穿电压 $U_{(BR)CEO}$ 是各电极间反向击穿电压的最小值，因此三极管在使用时，各电极间电压不要超过 $U_{(BR)CEO}$。普通三极管的 $U_{(BR)CEO}$ 一般为 $10 \sim 30~V$。

发射极开路时，集电极-基极间反向击穿电压为 $U_{(BR)CBO}$。

集电极开路时，发射极-基极间的反向击穿电压为 $U_{(BR)EBO}$。

（2）集电极最大允许电流 I_{CM}。当集电极电流 i_C 超过一定数值时，三极管的性能会变差，致使 β 值明显下降。I_{CM} 一般指 β 值下降到正常值的 $2/3$ 时的 i_C 值。当 $i_C > I_{CM}$ 时，三极管的放大作用变差，使输出信号失真，另外，若电流过大，还会损坏三极管。

（3）集电极最大允许耗散功率 P_{CM}。该值表示三极管集电结上允许损耗功率的最大值。集电极电流流过集电结时会产生热量，使集电结的结温升高。当硅管的结温大于 $150℃$，锗管的结温大于 $70℃$ 时，管子明显变坏，甚至烧坏。

四、三极管的检测

1. 引脚识别

常见的三极管类型及判别方法如下：

1）依据封装类型判别

（1）封装名称 S-1A、S-1B。在识别 S-1A、S-1B 三极管引脚时，将管脚朝下，切口面向自己，从左向右依次是 E、B、C 脚。

（2）封装名称 S-6A、S-6B、S-7、S-8。在识别 S-6A、S-6B、S-7、S-8 三极管时，将管脚向下，印有型号的一面朝向自己，从左向右依次是 B、C、E 脚。

（3）封装名称 B、C、D 型。B 型：外壳上有一个凸起的定位销，四根引脚，在识别时，引脚向上，从定位销开始顺时针依次为 E、B、C、D，其中 D 脚接外壳；C 型：一个定位销，三根引脚呈等腰三角形，从定位销开始顺时针依次为 E、B、C；D 型：没有定位销，三根引脚呈等腰三角形，E、C 脚为底边。

（4）封装名称 F 型。F 型只有两根引脚，在识别时，将管底朝上，引脚靠近左安装孔，上面一根为 E 脚，下面一根为 B 脚，管壳为集电极 C。

2）采用万用表判别

（1）基极判别方法。万用表也可用来判别三极管的管脚，晶体管的结构可以看成两个 PN 结，对 NPN 管来说，基极是两个结的公共阳极，对 PNP 管来说，基极是两个结的公共阴极。在测量时，先将一支表笔接在某一认定的管脚上，另外一支表笔则先后接到其余两个管脚上，如果这样测得均导通或均不导通，然后将两支表笔对调再测，如果结果相反，则可以确定该管脚就是三极管的基极。

（2）集电极、发射极判别方法。

方法一：在判断发射极和集电极时，可以比较两个 PN 结的正向导通电压的大小，读数稍大的就是 BE 结，读数小的是 BC 结。

方法二：将万用表置于 hFE 档，将基极插入 B 孔，剩余两个引脚分别插入 C 孔和 E 孔。若测得的 hFE 为几十到几百，说明管子属于正常接法，放大能力强，此时 C 孔插的就是集电极 C，E 孔插的就是发射极 E，若测得的值只有几或者几十，说明插反了。

2. 三极管质量判别

万用表测量极间电阻的大小，可以判断三极管的好坏。万用表测三极管 B 与 C、B 与 E 的正向电阻小，反向电阻大，说明管子是好的；若正向电阻趋于无穷大，说明管子内部断路；若反向电阻很小，说明管子击穿。

思考练习

1. 三极管的发射极和集电极是否可以调换使用？

2. 一个处于放大状态的三极管，用万用表测出三个电极的对地电位分别为 $U_1 = -7\ V$，$U_2 = -1.8\ V$，$U_3 = -2.5\ V$。试判断该三极管的管脚、管型和材料。

> 提示：三极管处于放大状态时，发射结正偏，集电结反偏，可利用极间电压进行判断。

任务二　共发射极放大电路的分析

任 务 单

一、学习目标

（一）知识目标

（1）了解放大电路的组成及主要性能指标；

（2）掌握共发射极放大电路的组成及各元件的作用；

（3）掌握放大电路的工作原理，包括无输入信号和有输入信号两种情况；

（4）掌握放大电路的图解法。

（二）能力目标

（1）能够运用图解法对放大电路进行分析；

（2）能够进行静态工作的设置；

（3）能够进行单管交流电压放大器的安装与性能测试。

（三）素质目标

（1）具有团队协作能力；

（2）具有精益求精的工匠精神；

（3）具有国家情怀，激发使命担当。

二、任务分析

（一）放大电路的主要性能指标

通过学习，了解放大电路在生活中的应用，掌握放大电路的组成及放大器的性能指标。

（二）共发射极放大电路的结构与原理

（1）通过学习，掌握共发射极放大电路的元件组成及作用；

（2）掌握放大电路的两种工作状态的划分？

（三）放大电路的分析与计算

（1）学习利用图解法对放大电路的静态工作状态进行分析与计算；

（2）学习利用图解法对放大电路的动态工作状态进行分析与计算。

三、总结反思

（1）想一想你学到了哪些新知识；

（2）想一想你掌握了哪些新技能；

（3）你对自己在本任务中的表现满意吗？写出课后反思。

🔲 知识储备

一、放大电路的主要性能指标

对放大电路进行分析是放大电路的学习者和使用者必须掌握的技能之一，其目的是为了了解放大电路的性能，而放大电路的性能通常是用一组性能指标来描述的，所以必须掌握放大电路性能指标的具体定义和有关知识。

1. 放大电路的基本功能

放大电路的基本功能是将微弱的电信号（电压、电流或功率）放大到所需的数值，从而使电子设备的终端执行元件（如继电器、仪表、扬声器等）有所动作或显示。在分析放大电路时，通常将放大电路等效成图 2.5 所示的电路。该电路由三个部分组成：输入信号源、放大器的等效电路、输出负载。图中，$\dot{U}_s$ 为信号源电压，R_s 为信号源内阻，放大电路的输入电压和电流分别 $\dot{U}_i$ 为和 $\dot{I}_i$，输出电压和电流分别为 $\dot{U}_o$ 和 $\dot{I}_o$。图中电流和电压正方向的规定是：电流流入放大器的方向为正；电压的方向是上正、下负。

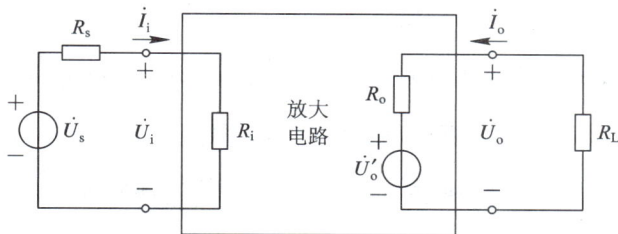

图 2.5　放大电路示意图

2. 放大电路的主要性能指标

为了比较和评价放大器性能的好坏，需要分析放大电路的性能指标。这些指标描述了放大电路对信号的放大能力和质量的好坏，是分析和设计放大电路的依据。放大电路的主要性能指标有放大倍数、输入电阻 R_i、输出电阻 R_o、通频带、非线性失真系数、最大输出功率和效率等。不同用途的电路对性能指标的侧重要求不同。下面将对放大电路的主要性能指标进行介绍。

1）放大倍数

放大倍数是衡量放大电路放大能力的指标，包括电压放大倍数、电流放大倍数和功率放大倍数等，其中，电压放大倍数应用较多。

放大电路的输出电压有效值 U_o 与输入电压有效值 U_i 之比，称为电压放大倍数 A_u，即

$$A_u = \frac{U_o}{U_i} \tag{2-7}$$

放大电路的输出电流有效值 I_o 与输入电流有效值 I_i 之比，称为电流放大倍数 A_i，即

$$A_i = \frac{I_o}{I_i} \qquad (2-8)$$

放大电路的输出功率 P_o 与输入功率 P_i 之比，称为功率放大倍数 A_P，即

$$A_P = \frac{P_o}{P_i} \qquad (2-9)$$

2）输入电阻 R_i

把输入电压 $\dot{U}_i$ 加在放大电路的输入端，会产生一个输入电流 $\dot{I}_i$，在两者同相时，放大电路输入端等效存在一个电阻 R_i，即输入电阻：

$$R_i = \frac{\dot{U}_i}{\dot{I}_i} \qquad (2-10)$$

由输入电阻的概念，从图 2.5 中可以得到

$$\dot{U}_i = \frac{R_i}{R_i + R_s} \dot{U}_s \qquad (2-11)$$

输入电阻 R_i 越大，$\dot{U}_i$ 就越接近 $\dot{U}_s$，R_i 从其前级获得的电流越小，对前级的影响越小。

3）输出电阻 R_o

输出电阻又称放大电路的内阻，是指从放大电路的负载 R_L 向放大电路内部看进去的等效电阻，定义为负载断开，同时信号源电压 $\dot{U}_s = 0$，在放大电路的输出端加上一个电压源 $\dot{U}_o$，由此产生的电流为 $\dot{I}_o$，则 $\dot{U}_o$ 与 $\dot{I}_o$ 的比值就是放大电路的输出电阻。

$$R_o = \left. \frac{\dot{U}_o}{\dot{I}_o} \right|_{\dot{U}_s = 0} \qquad (2-12)$$

从图 2.5 中还可以得到

$$\dot{U}_o = \frac{R_L}{R_o + R_L} \dot{U}_o{}' \qquad (2-13)$$

实际上，人们总是希望 R_o 小一些，这样在一定的输出电流的情况下，损失在内阻上的信号源电压就小一些，有利于输出较高的信号电压。

4）通频带

放大电路中通常含有电抗元件(外接的或有源放大器件内部寄生的)，而电抗值与信号频率有关，这就使放大电路对于不同频率的输入信号有着不同的放大能力。所以，放大电路的增益 $A(f)$ 可以表示为频率的函数。在低频段和高频段放大倍数通常都要下降。当 $A(f)$ 下降到中频电压放大倍数 A_u 的 $\frac{1}{\sqrt{2}}$ 时，即

$$A(f_L) = A(f_H) = \frac{A_u}{\sqrt{2}} \approx 0.7 A_u \qquad (2-14)$$

上下限截止频率之间的频带称为通频带，相应的频率 f_L 称为下限截止频率，f_H 称

为上限截止频率，如图 2.6 所示。

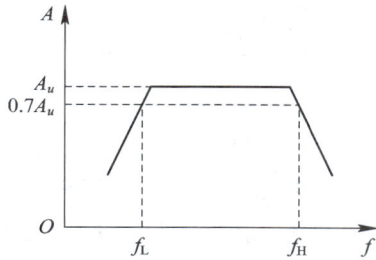

图 2.6　通频带定义

二、共发射极放大电路的结构与原理

共发射极放大电路是一种广泛应用的电路，下面以图 2.7 所示的共发射极放大电路为例来说明放大电路的组成。

1. 电路的组成及各元件的作用

1）基本放大电路的组成

由图 2.7 可以看出，电路以三极管为核心，左边为输入回路，右边为输出回路，

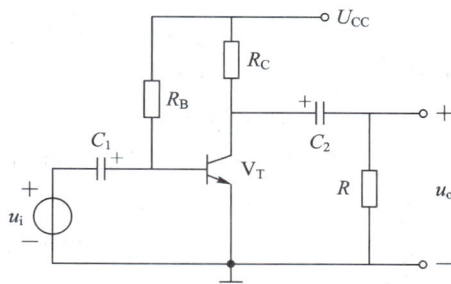

图 2.7　共发射极放大电路

发射极成为输入回路和输出回路的公共端，故该电路称为共发射极放大电路，或简称共射极放大电路。

放大电路的组成必须遵循这样两条原则：其一，保证三极管工作在放大区，这样就可以利用基极电流 i_B 来控制集电极电流 i_C，达到放大的目的，为此，放大电路中直流电源及有关电阻的配置一定要使三极管发射结正向偏置，集电结反向偏置；其二，应使输入信号得到足够的放大和顺利的传送，通过三极管的电流控制作用可以实现信号放大作用。

2）元器件的作用

（1）三极管 V_T，为 NPN 型硅管，是放大电路的核心，利用它的电流控制作用可实现信号放大作用。

（2）偏置电阻 R_B，其作用是给基极提供一个正向电压，使基极与发射极之间的 PN 结正偏，当电路在没有信号（也称静态）时，该电压使基极产生的电流称为基极电流 I_{BQ}。由于通常把 I_{BQ} 称为偏置电流，所以 R_B 被称为偏置电阻。

（3）集电极电阻 R_C，有两个作用，一是提供集电极电流的通路，二是把放大的电流信号转换成电压信号。

（4）输入耦合电容 C_1 和输出耦合电容 C_2，C_1 作用是把输入信号中交流成分传递给三极管，C_2 作用是把集电极电压中的交流成分传递给负载。在低频放大电路中，耦合电容的容量一般取几十微法。

（5）输入端的交流信号电压 u_i，指需要放大的交流信号。

（6）放大器的负载 R_L，是输出交流信号的承受者，如音频功率放大器的负载就是喇叭（扬声器），而在多级放大器中间级，其负载就是下一级的输入电阻。

（7）直流电源 U_{CC}，其作用是给电路提供能量，同时也为三极管正常工作提供合适的直流偏置条件。

2. 放大电路的工作原理

下面通过定性地介绍放大过程来说明放大电路的工作原理。对于图 2.7 所示的共发射极放大电路，分两步来分析交流输入信号 u_i 的放大过程。

1）无输入信号（$u_i = 0$）时放大电路的工作情况

当输入信号 $u_i = 0$ 时，放大电路的工作状态称为静态。电路如图 2.8 所示。从图中可见，输入端短接，$u_i = 0$。这时电路中只有直流电源供电，所以放大电路的静态也就是它的直流状态。这个电路叫作直流通路，或称直流偏置电路。三极管各极电流和极间电压都是直流量。U_{BB}、R_B 和三极管的输入特性确定基极直流电流 I_B 和基-射极直流电压 U_{BE} 的大小。U_{CC}、R_C 和三极管的

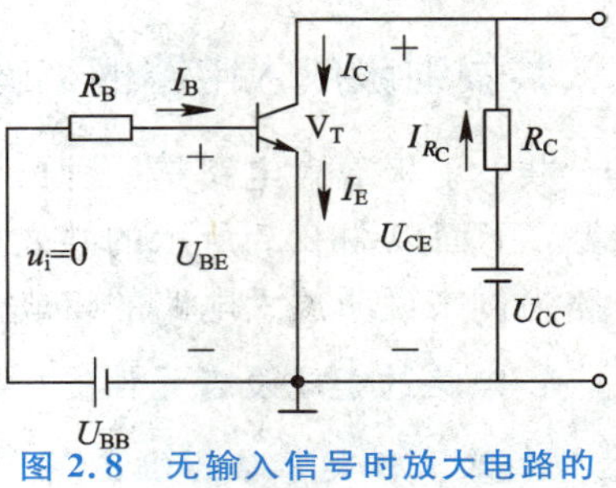

图 2.8　无输入信号时放大电路的工作情况

输出特性及 I_B 共同确定三极管集电极直流电流 I_C 和集-射极直流电压 U_{CE} 的大小。

2）有输入信号（$u_i \neq 0$）时放大电路的工作情况

在上述静态的基础上，给放大电路加上交流输入信号 u_i，如图 2.9 所示。这时放大电路的工作状态称为动态。在这种情况下，电路中各处的电压和电流是由直流电源和交流信号源共同作用而产生的。根据电路理论可以知道，各电量的总瞬时值可以分解为直流分量和交流分量。我们用不同的符号来表示不同性质的电量。以基极电流为例，i_b 表示基极电流总瞬时值；i_b 表示基极电流交流分量瞬时值；$\dot{I}_b$ 表示基极电流正弦交流分量的相量形式；I_b 表示它的交流有效值；I_{bm} 表示它的交流幅值；I_B 表示基极电流的直流分量。现设输入信号 u_i 为正弦信号，即

$$u_i = U_{im} \sin(\omega t) \tag{2-15}$$

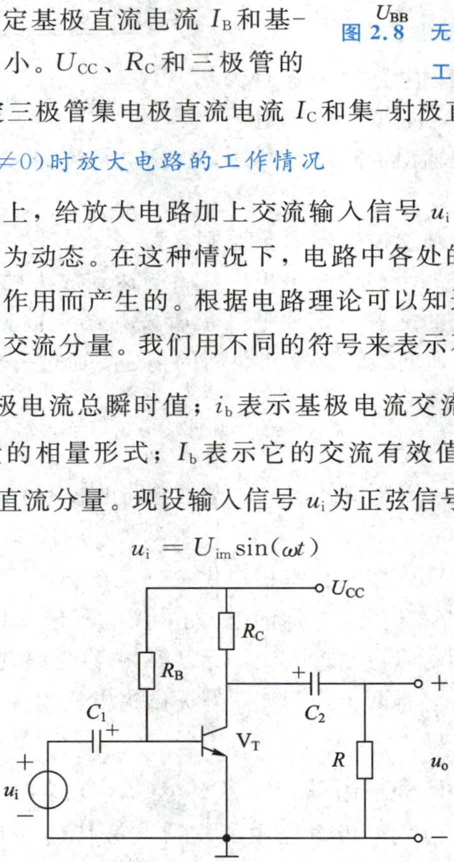

图 2.9　有输入信号时放大电路的工作情况

从输入回路中可见，三极管的基-射极间电压 u_{BE} 除了由直流电源作用而产生的直流分量 U_{BE} 之外，还要叠加上由正弦信号源作用而产生的一个交流分量 u_{be}。当三极管始终工作在放大区时，可以近似地把它的特性曲线的相应部分看作直线，那么 u_{be} 也是一个正弦交流分量，故三极管基-射极电压瞬时值为

$$u_{BE} = U_{BE} + U_{bem}\sin(\omega t) \qquad (2-16)$$

u_{BE} 与基极电流 i_B 的关系是由三极管输入特性曲线确定的。将 u_{BE} 的波形画到输入特性的下方，如图 2.10(a)、(b)所示。对应于不同 ωt 的 u_{BE} 值，从输入特性曲线上可以找到相应的 i_B 值，将对应的 i_B 值连接起来，就可以画出如图 2.10(c)所示的 i_B 波形。可见，在输入信号幅度比较小，由它引起的 i_B 的变化范围内所对应的输入特性曲线可以近似看作直线，则 i_B 的变化量部分也是正弦交流量，因此 i_B 可表示为

$$i_B = I_B + I_{bm}\sin(\omega t) \qquad (2-17)$$

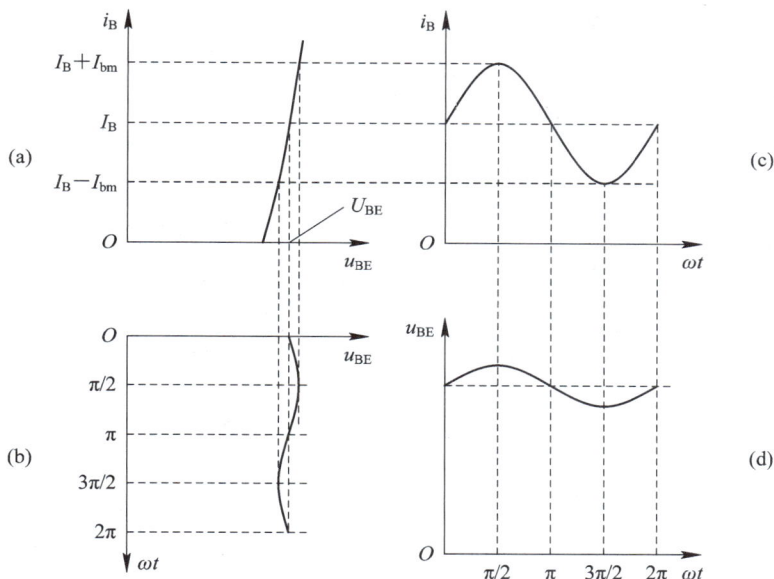

图 2.10　输入特性曲线和 u_{BE}、i_B 的波形图

因为三极管工作在放大区，如忽略 I_{CEO}，则集电极电流 i_C 为

$$i_C = \overline{\beta}i_B = \overline{\beta}I_B + \overline{\beta}I_{bm}\sin(\omega t) = I_C + I_{cm}\sin(\omega t) \qquad (2-18)$$

对图 2.9 所示电路，应用基尔霍夫电压定律可列出

$$u_{CE} = U_{CC} - i_{R_C}R_C \qquad (2-19)$$

在负载电阻 R_L 开路的情况下 $i_{R_C} = i_C$。那么

$$u_{CE} = U_{CC} - I_C R_C - I_{cm}R_C\sin(\omega t) \qquad (2-20)$$

当输入信号 $u_i = 0$ 时，i_C 的交流分量为 0，则 $i_C = I_C$，对应的 $u_{CE} = U_{CE} = U_{CC} - I_C R_C$。因此上式可以写成

$$u_{CE} = U_{CE} - U_{cem}\sin(\omega t) \qquad (2-21)$$

u_{CE} 就是在直流电压 U_{CE} 之上叠加一个与 i_C 变化相反的正弦交流分量 u_{ce}。

$u_{ce} = -U_{cem}\sin(\omega t) = U_{cem}\sin((\omega t) - 180°)$。这里用 $-180°$ 相移来表示相位相反。

从图 2.9 电路中可知，输出端瞬时电压 $u_o = u_{CE}$，所以 $u_o = U_{CE} + U_{cem}\sin(\omega t - 180°)$，可见输出端瞬时电压中既有直流成分，也有交流成分。这个正弦交流分量就是放大了的输出信号电压，记为 u_o。图 2.11(a) 画出了与输入信号电压 u_i 相对应的各电流、电压波形图。从交流分量来看，共发射极放大电路的输出信号电压 u_o 与输入电压 u_i 反相，或者说相位差 180°。

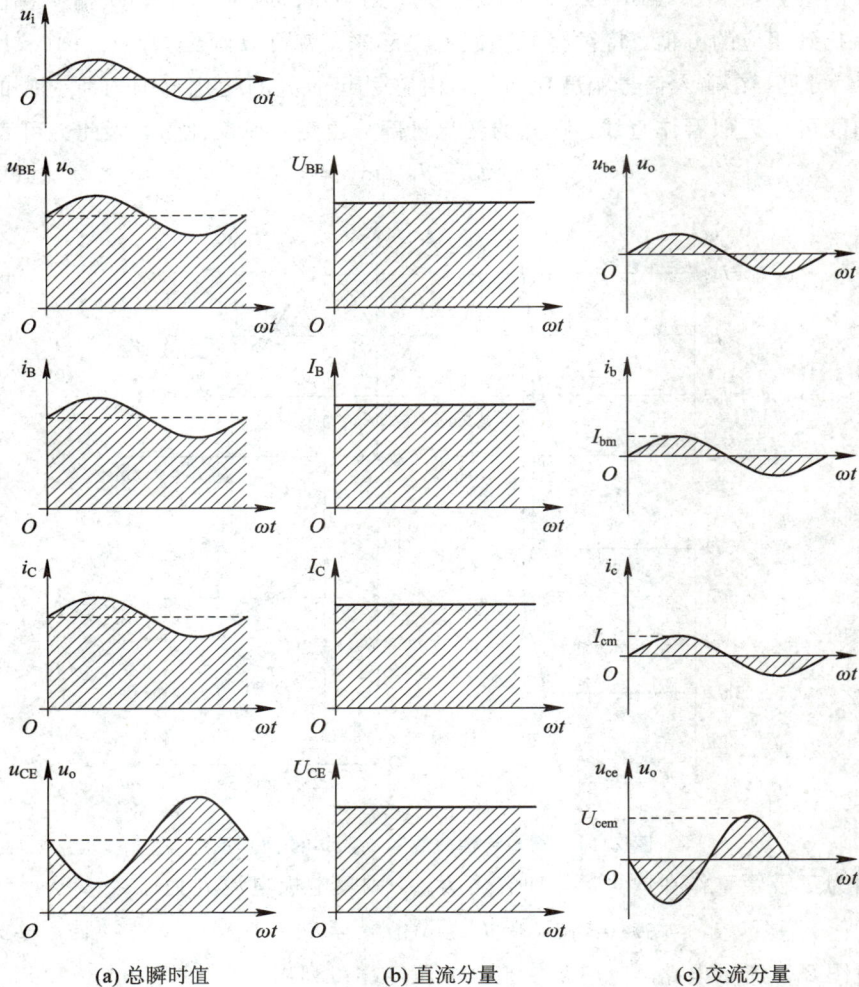

(a) 总瞬时值   (b) 直流分量   (c) 交流分量

图 2.11 放大电路的电流、电压波形图

如果接入负载电阻 R_L，由于 R_L 对电路中直流量和交流量均有影响，因此有关 i_C、u_{CE} 及输出电压 u_o 的式子都要进行相应的修改。

从以上讨论的信号放大过程中可以得出下列重要结论：

(1) 当输入信号 $u_i = 0$ 时，放大电路处于静态，也就是直流状态。直流电源和 R_B、R_C 共同确定三极管的极间直流电压和各极直流电流 I_B、U_{BE}、I_C、U_{CE}，确保三极管工作在放大区。

（2）当输入交流信号 u_i 时，放大电路处于放大信号状态，即动态。电路中的 i_B、i_C、u_{BE} 和 u_{CE} 都随 u_i 的变化而变化，如图 2.11(a) 所示。输入交流信号 u_i 时，输出的交流信号成分 u_o，就是放大电路的电压放大作用的结果。

（3）放大电路处于动态时，只要是在放大信号过程中不产生失真的情况下，三极管的 i_B、i_C、u_{BE}、u_{CE} 以及输出电压 u_o 都是由静态时的直流分量叠加上一个随 u_i 变化的交流分量合成的，见图 2.11。如能保证在动态时，各直流分量的值始终大于各交流分量的振幅，那么三极管始终是导通的。而要实现这一点，就需要为三极管设置合理的静态（即直流）工作条件，并需要适当限制输入信号 u_i 的振幅。

三、放大电路的分析与计算

对放大电路进行分析时，常用到两种基本分析方法。一种方法是利用三极管的特性曲线，用作图的方法来分析，称为图解法。另一种方法是将具有非线性特性的三极管近似用线性等效电路来代替，然后利用电路理论来求解，称为计算分析法。这里采用图解法对放大电路进行分析。

1. 用图解法分析静态工作情况

图 2.12(a) 是共发射极放大电路，图中按照习惯画法，只标出 U_{CC} 电位，省略了 U_{CC} 电源回路。为了讨论的方便，设信号源内阻 $R_s = 0\ \Omega$，负载电阻 R_L 为开路。

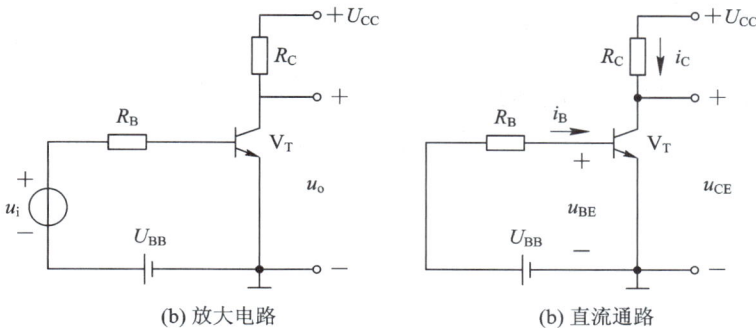

(b) 放大电路   (b) 直流通路

图 2.12　共发射极放大电路及直流通路

放大电路处于静态时，常用直流量 I_B、U_{BE}、I_C、U_{CE} 来描述三极管的静态工作情况。对应这 4 个数据可以在三极管的输入特性和输出特性曲线上各确定一点，该点就称为静态工作点。用图解法来分析放大电路的静态工作情况，就是用作图的方法在特性曲线上确定静态工作点 Q，求出 Q 点坐标 I_{BQ}、U_{BEQ}、I_{CQ}、U_{CEQ} 的数据。上述电量的下标添写了字母 Q，以便明确它们是静态工作点的值。用图解法求静态工作点的步骤如下。

1）画出直流通路

静态时，输入信号电压 $u_i = 0$，即将放大电路输入端对地短接，就得到放大电路的直流通路，如图 2.12(b)所示。电路中只有直流电源 U_{CC}、U_{BB} 供电。

2）利用输入特性曲线来确定 I_{BQ} 和 U_{BEQ}

根据图 2.12(b)电路中的输入回路，可以列出回路电压方程

$$U_{BB} = i_B R_B + u_{BE} \tag{2-22}$$

同时 u_{BE} 和 i_B 还应该符合三极管的输入特性曲线所描述的关系。输入特性用函数式表示为

$$i_B = f(u_{BE})\big|_{U_{CE}=\text{常数}} \tag{2-23}$$

将上述两个方程联立，其解就是静态工作点 Q 所对应的 I_{BQ} 与 U_{BEQ}。用作图的方法在输入特性曲线所在的 u_{BE}-i_B 直角坐标系上，作出对应的直线，那么求出的两线的交点就是静态工作点。可以得到

$$i_B = -\frac{1}{R_B} u_{BE} + \frac{U_{BB}}{R_B} \tag{2-24}$$

该式对应的直线斜率为 $-1/R_B$，截距为 U_{BB}/R_B。用作图的方法，取 M 点 $(0, U_{BB}/R_B)$ 及 N 点 $(U_{BB}, 0)$，在坐标系中画出这条线。该线称为静态负载线，或直流负载线，它与输入特性曲线的交点 Q 就是静态工作点。Q 点的坐标就是静态时的基极电流 I_{BQ} 和基-射极间电压 U_{BEQ}，如图 2.13(a)所示。

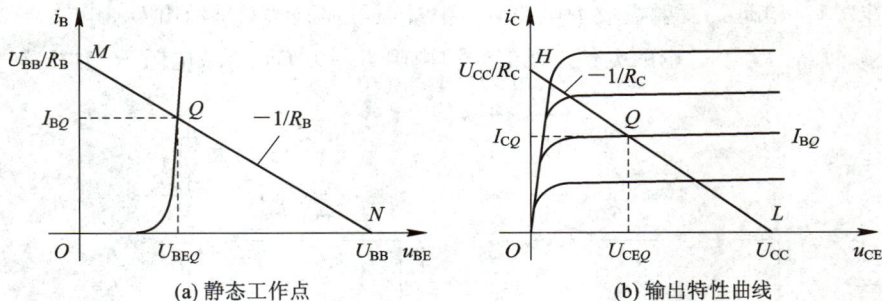

图 2.13　图解法求解静态工作点 Q

3）利用输出特性曲线确定 U_{CEQ} 及 I_{CQ}

由图 2.12(b)电路中的输出回路以及三极管的输出特性曲线可以写出下面两式

$$U_{CC} = i_C R_C + u_{CE} \tag{2-25}$$

$$i_C = f(u_{CE})\big|_{I_B=\text{常数}} \tag{2-26}$$

在输出特性曲线所在的 u_{CE}-i_C 直角坐标系里作与式(2-26)对应的直线。首先将该式写成斜截式方程

$$i_C = -\frac{1}{R_C} u_{CE} + \frac{U_{CC}}{R_C} \tag{2-27}$$

在坐标系上取两点 $H(0, U_{CC}/R_C)$，$L(U_{CC}, 0)$ 连成直线，如图 2.13(b)所示。该线称为输出特性曲线上的直流负载线。由于已从输入特性曲线上的静态工作点确定了 I_{BQ} 的值，因此直流负载线 HL 与 $i_B = I_{BQ}$ 对应的那一条输出特性曲线的交点就

是静态工作点 Q。Q 点坐标就是静态时三极管集电极电流 I_{CQ} 与集-射极间电压 U_{CEQ}。

2. 用图解法分析动态工作情况

放大电路加上输入交流信号 u_i 以后，利用图解法可以画出放大电路中的电压、电流随 u_i 而变化的波形。下面仍以图 2.12(a) 的共发射极放大电路为例，在已经利用图解法确定了静态工作点的基础上进行分析。

1) 利用输入特性曲线画出 i_B 和 u_{BE} 波形

设输入信号 $u_i = U_{im} \sin(\omega t)$，那么从输入回路可列出方程

$$U_{BB} + u_i = i_B R_B + u_{BE} \tag{2-28}$$

$$i_B = -\frac{1}{R_B} u_{BE} + \frac{U_{BB} + u_i}{R_B} \tag{2-29}$$

对应于正弦电压 u_i 的每一个瞬时值，都可以作出一条直线，这些直线的斜率与 U_{BB} 单独作用时的直流负载线的斜率相同，只有截距随 u_i 而改变。所以这是一族与直流负载线平行的直线，其中最高的一条截距为 $(U_{BB} + U_{im})/R_B$，最低的一条截距为 $(U_{BB} - U_{im})/R_B$。当 $u_i = 0$（过零）时，对应的负载线和直流负载线重合。这样对应 u_i 的每一个值，相应的直线与输入特性曲线有一个交点，可以查到该点的 i_B 和 u_{BE} 的值，从而可以画出 i_B 和 u_{BE} 的波形，如图 2.14 所示。如果当加上输入信号 u_i 以后，负载线变化时，与输入特性曲线的交点始终在输入特性近似为线性的部分，则得到的 i_B 和 u_{BE} 波形也是正弦波形。i_B 在 $(I_{BQ} + I_{bm})$ 与 $(I_{BQ} - I_{bm})$ 之间变化，u 在 $(U_{BE} + U_{bem})$ 与 $(U_{BE} - U_{bem})$ 之间变化。

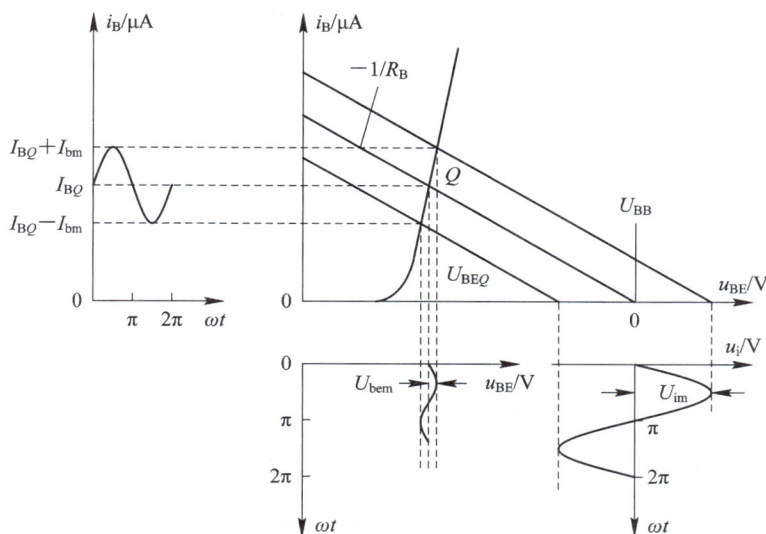

图 2.14 图解法 u_{BE} 及 i_B 的波形

2) 利用输出特性曲线画出 i_C 和 u_{CE} 波形

当加上正弦信号 u_i 以后,从电路输出回路列出的方程仍为原式的形式,只不过现在 i_C 与 u_{CE} 都既有直流分量又有交流分量。根据该方程在输出特性曲线坐标系上作出的直线与直流负载线重合,但它反映了瞬时电量之间的关系,故称为动态负载线或交流负载线。

通过输入特性曲线已经得到随 u_i 变化的 i_B 波形。在每一瞬时,u_{CE} 与 i_C 的值都要由 i_B 的瞬时值所对应的输出特性曲线与动态负载线的交点来确定。也就是说,在输入正弦信号 u_i 的作用下,三极管的工作点将在静态工作点 Q 的两边沿着动态负载线按信号的周期往复移动。对应于 i_B 的最大值与最小值的两条特性曲线与动态负载线的交点是 Q' 和 Q''(见图 2.15)。根据这两点可以求出 i_C 的最大值 $I_{CQ}+I_{cm}$ 和最小值 $I_{CQ}-I_{cm}$,u_{CE} 的最小值 $U_{CEQ}-U_{cem}$ 和最大值 $U_{CEQ}+U_{cem}$。如果逐点求出不同 ωt 的 i_B 所对应的 u_{CE} 与 i_C 的数值,就可以画出它们的曲线,如图 2.15 所示。

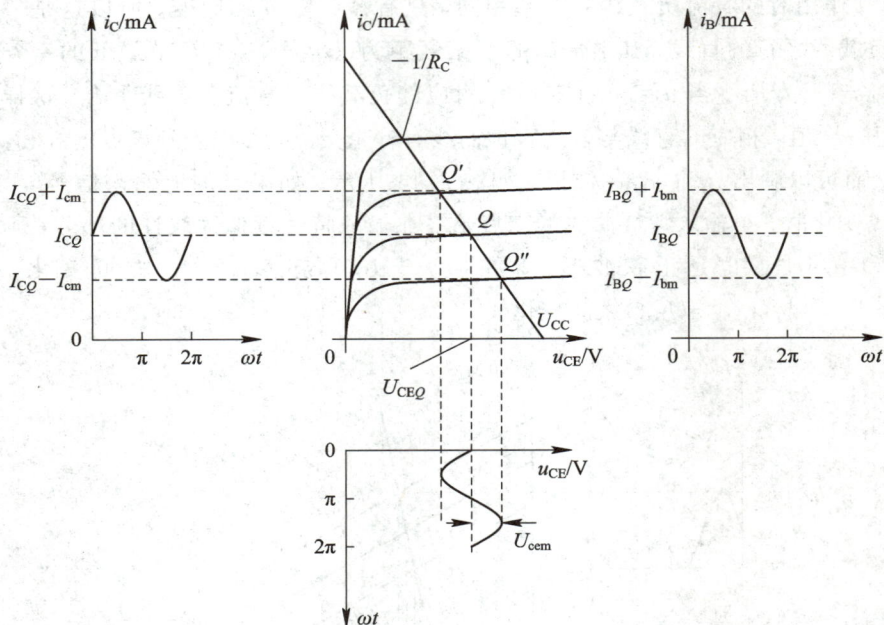

图 2.15 图解法 u_{CE} 及 i_C 的波形

用作图的方法画出输出端电压 u_o(即 u_{CE})的波形以后,通过量出输出信号电压 u_o 的幅值和输入信号电压 u_i 的幅值,就可以计算电压放大倍数。但是,由于作图误差较大,还需测试描绘三极管的特性曲线,费时又费力,因此对于小信号放大电路常常不用图解法,而用计算分析法来定量计算放大倍数。

3. 电路参数对静态工作点的影响

从图 2.12(b)中可知,三极管的直流电流要满足

$$i_B = -\frac{1}{R_B}u_{BE} + \frac{U_{BB}}{R_B} = \frac{U_{BB} - u_{BE}}{R_B} \qquad (2-30)$$

$$i_C = -\frac{1}{R_C}u_{CE} + \frac{U_{CC}}{R_C} \qquad (2-31)$$

如果改变电路参数 R_C、R_B、U_{BB}、U_{CC}，就会改变静态工作点。下面分别讨论。

假设 R_C 阻值改变时，其他参数不变。由 i_C 表达式可知，改变 R_C 就改变了输出特性曲线坐标系上的直流负载线的斜率和截距。在图 2.16（b）中，如果减小 R_C 阻值，则直流负载线与纵轴的交点将上移到 M 点，静态工作点 Q 随之移到 Q_1 点，即工作点右移，远离饱和区。反之，增大 R_C，工作点将左移。

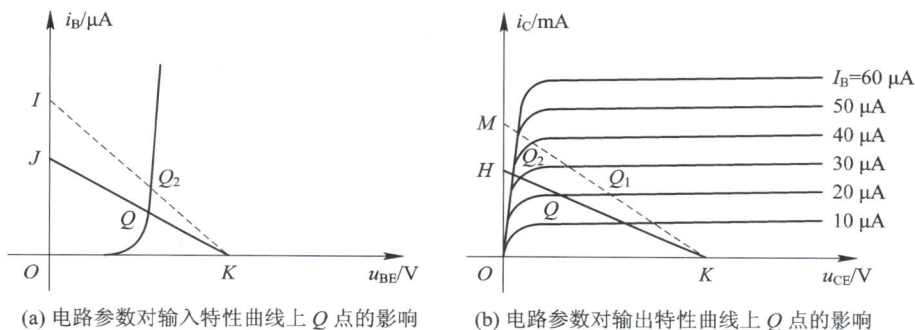

(a) 电路参数对输入特性曲线上 Q 点的影响　　(b) 电路参数对输出特性曲线上 Q 点的影响

图 2.16　电路参数对静态工作点的影响

假设 R_B 阻值改变时，其他参数不变。由 i_B 表达式可知，改变 R_B 就改变了输入特性曲线坐标系上的直流负载线的斜率和截距。若 R_B 减小，则直流负载线与纵轴的交点将由原来的 J 点上移到 I 点，静态工作点 Q 将移到 Q_2 点，如图 2.16（a）所示。I_{BQ} 增大，假设从 20 μA 增到 30 μA，在输出特性曲线上，静态工作点 Q 将移到 Q_2 点，即 R_B 减小，工作点向左上方移动，移向饱和区。反之 R_B 增大，工作点向右下方移动，移向截止区。

当改变直流电源 U_{BB} 和 U_{CC} 的大小，就改变了负载线的截距，显然工作点也要受到影响。另外管子的 β 值改变，即特性曲线的间隔改变也会使 Q 点变化。对于图 2.12（a）中的直接耦合放大电路，信号源内阻 R_s 和负载电阻 R_L 也会影响电路的静态工作点。

由于实际应用中，直流电源及三极管一旦确定，轻易不会改变。因此，对图 2.12（a）所示共发射极放大电路来说，静态工作点的调整主要是调整基极偏置电阻 R_B 和集电极负载电阻 R_C 的阻值。

思考练习

1．请说出放大电路由哪三部分组成。

2．衡量放大电路的性能指标有哪些？

3．一般要求放大电路的输入电阻 R_i 越大越好的原因是什么？

4. 什么是放大电路的输出电阻？它的数值是大一些好，还是小一些好？为什么？

5. 对于放大电路的最基本要求，一是_____，二是_____。

6. 所谓"静态"，就是当放大电路的输入信号_____时，电路的工作状态。通常可以把输入端对地_____来实现。

7. 说明在共发射极放大电路中电容所起的作用。

_____

8. 放大电路有输入信号时，三极管的各个电流和电压瞬时值都含有_____分量和_____分量，而所谓放大，只考虑其中的_____分量。

9. 共发射极放大电路如图 2.17 所示，试求解估算静态工作点 Q；求电压放大倍数 A_u，输入电阻 R_i 和输出电阻 R_o。

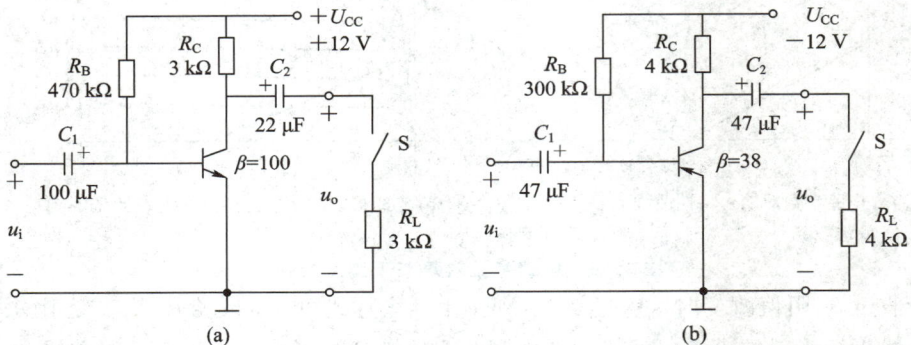

(a)　　　　　　　　　　(b)

图 2.17　共发射极放大电路

课程思政

　　每一种电路都是由若干个元器件组成的，每个元器件的参数都可能对电路性能产生影响。在三极管放大电路中，偏置电阻选择不当，就可能使放大电路出现截止失真或饱和失真。如果把电路中的每个器件看作团队成员，它们之间的协作就是团队意识，每个成员必须遵守一定的约束关系。

实训一   三极管电流放大测试

请根据电路图连接电路，并分析三极管的电流分配关系。

1. 根据图 2.18 所示电路原理领取实训设备。

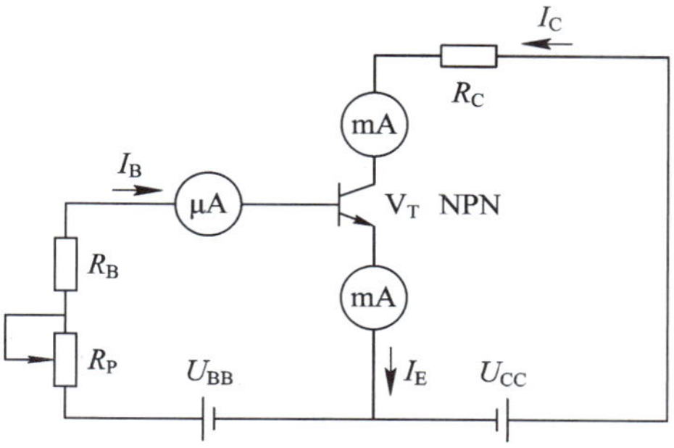

图 2.18   三极管的电流分配实验电路图

2. 说一说如何判断三极管的引脚，并检测三极管的质量是否合格。

3. 连接实际电路，并将表 2.1 填写完整。

表 2.1   实验数据

I_B/mA	0	0.01	0.02	0.03	0.04	0.05
I_C/mA						
I_E/mA						

4. 对实验数据进行分析，你可以得出哪些结论呢？

实训二　单管交流电压放大器的制作与调试

请动手制作单管交流电压放大器，并会检查、调整和测量电路的工作状态。

1. 实训设备。

万用表、直流稳压电源、双通道示波器、低频信号发生器。

2. 对电路中使用的元件进行检测与筛选。

对电路中需要的 1 只三极管、若干电阻、2 个电容进行筛选。

3. 按照图 2.19 所示的电路原理图连接实际电路。

连接注意事项：

（1）电阻采用水平安装方式，电限贴紧电路板，色标法电阻器的色环标志顺序一致；

（2）电容采用垂直安装方式，电容器底部离开电路板 5 mm，注意正负极性；

（3）三极管采用垂直安装方式，三极管底部离开电路板 10 mm，注意引脚极性；

（4）微调电位器贴紧电路板安装，不能歪斜；

（5）保证布线正确，焊接可靠，无漏焊、短路现象；

（6）装配完成后应进行自检，正确无误后才能进行调试。

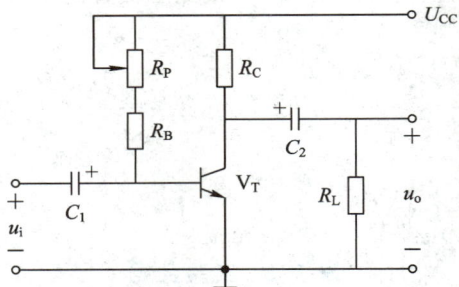

图 2.19　单管交流电压放大器电路原理图

4. 调试单管交流电压放大器的静态工作点。

调试步骤如下：

（1）直流稳压电源（12 V）与电路板之间用多股软导线连接，注意正、负极性不能接错；将万用表直流电流 10 mA 挡串接在集电极回路中，红表笔接电源 U_{CC} 正极端，黑表笔接集电极电阻 R_C；

（2）将 C_1 负极接地，使输入信号为零；

（3）接通直流稳压电源，调整 R_P（最大—中间—最小）观察万用表电流挡读数的变化，并将结果记录下来。最后调整 R_P 使万用表电流挡读数为 2 mA；

（4）切断直流稳压电源，将集电极回路的缺口连接好。重新接通直流稳压电源，用万用表的直流电压挡测量三极管的 U_{CE}，约为 6 V 左右，通过计算也能求出静态工作电流。

5．观察输入、输出波形。

（1）将低频信号发生器"频率"置"1000Hz"，输出信号电压为 50 mV，并将电压输出端与放大电路输入端（C_1 负极）连接，接好地线；

（2）将双通道示波器 Y 轴输入电缆分别和放大电路的输入、输出端连线，调整相应开关，使输入、输出波形稳定显示（1～3 个周期）；

（3）逐渐增大低频信号发生器的输出电压，使放大电路输出电压达到最大值（不失真）；

（4）读取输入、输出电压波形的峰值，计算电压放大倍数，观察输入、输出波形的相位差，将结果记录下来。

（5）调整 R_P 的大小，观察输出波形的失真情况。

项目三 | 集成运算放大器的分析

项目描述

集成运算放大器(Integrated Operational Amplifier)简称集成运放,是一种具有高电压放大倍数的直接耦合放大器,主要由输入级、中间级、输出级三部分组成。它的通用性很强,在电路中以集成运算放大器为核心器件,可以实现信号产生、数据采集、信号处理、电子测量等功能。故集成运算放大器广泛应用于测量、自动控制、信号处理等领域。

本项目首先介绍集成运算放大器的组成、特性、技术指标等;接着讨论放大电路中的反馈;最后结合实例介绍集成运算放大器的基本应用。

项目目标

1. 知识目标

(1)认识集成运算放大器的组成、图形符号;

(2)了解反馈系统的组成、类型;

(3)明确反馈对放大电路性能指标的影响。

2. 能力目标

(1)能够识别集成运算放大器的符号、引脚排列;

(2)能够判别放大电路正、负反馈,交流、直流反馈;

(3)学会使用集成运算放大器。

3. 素质目标

(1)在实训项目中培养严谨认真的态度;

(2)在团队任务中培养协同合作的精神;

(3)增强民族自信、文化自信。

任　务　单

一、学习目标

（一）知识目标

（1）认识集成运算放大器；

（2）了解集成运算放大器的组成；

（3）了解集成运算放大器的引脚排列；

（4）了解集成运算放大器的基本参数；

（5）掌握集成运算放大器的理想特性。

（二）能力目标

（1）会识别集成运算放大器的图形符号及引脚排列；

（2）会使用集成运算放大器；

（3）能够运用虚断、虚短。

（三）素质目标

（1）具有团队协作能力；

（2）具有民族担当意识、创新意识。

二、任务分析

（一）认识集成运算放大器

集成运算放大器广泛应用在测量、控制等方面。如在 07－32 捣固机的油门电机控制电路中，根据车辆的运行状态可以精准地调整油门的开度，你知道它们是怎样处理并传输信号吗？

（1）"IC"是什么？

（2）集成电路是什么？

（3）集成电路作用是什么？

（二）集成运算放大器的技术指标

集成运算放大器可以放大信号、传输信号、根据需求改变信号，因此集成运算放大器的类型很多。

（1）集成运算放大器的特点有哪些？

（2）怎样判断集成运算放大器的类型？

（三）集成运算放大器的特性

（1）什么是理想特性？

知识储备

一、认识集成运算放大器

集成电路（Integrated Circuit）是一种微型电子器件或部件，在电路中用字母"IC"表示。它是采用一定的工艺，把一个电路中所需的三极管、电阻、电容和电感等元件及布线互连一起，制作在一小块或几小块半导体晶片或介质基片上，并封装在一个管壳内，成为具有所需电路功能的微型结构。其中所有元件在结构上已组成一个整体，使电子元件向着微小型化、低功耗、智能化和高可靠性发展。

集成电路发明者为杰克·基尔比（基于锗（Ge）的集成电路）和罗伯特·诺伊斯（基于硅（Si）的集成电路）。当今半导体工业大多数应用的是基于硅的集成电路。

1. 集成运算放大器的基本知识

集成运算放大器是一种集成电路，它是采用半导体制造工艺，将二极管、三极管、电阻等元件集中制造在一个单晶硅芯片上，构成一个完整的电路。由于它最初常用在模拟量的数学运算中，故得名集成运算放大器。

集成运算放大器是一种具有高电压放大倍数的直接耦合放大器，主要由输入级、中间级、输出级、偏置电路四部分组成，如图 3.1 所示。

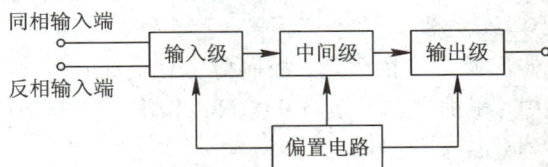

图 3.1　集成运算放大器的基本组成

（1）输入级，是影响集成运算放大器工作特性的关键级，一般由带恒流源的差分放大电路构成。利用差分放大电路的对称性可以减少温度漂移的影响，从而提高整个电路的共模抑制比，保证直接耦合放大器静态工作点的稳定，使在输入信号电压为零时，输出能基本维持零电压不变。同时，输入级的两个输入端可以扩大集成运算放大器的应用范围。

（2）中间级，一般由高增益的电压放大电路组成，主要用来进行电压增益放大，要求有较高的电压放大倍数，大多数由共发射极放大电路构成。

（3）输出级，通常由甲乙类互补对参共发射极输出电路组成，以减小输出电阻，提高电路的带负载能力。此外，为了防止负载短路或过载时造成集成运算放大器损坏，输出级一般还具有输出保护电路。

（4）偏置电路，为集成运算放大器各级电路提供合适而稳定的静态工作点，一般由电流源电路组成。此外，集成运算放大器还设置了外接调零电路和消除自激振荡的 RC 补偿电路等。

> 提示：由于基片很小，集成运算放大器内电阻的阻值不宜超过 $20\ \text{k}\Omega$，电容不宜超过数 10pF。因为不能装较大电容，所以级间只能直接耦合。集成运算放大器所用的三极管多是 NPN 型硅管。三极管除用作放大元件外，还用作恒流源以代替高值电阻。

2. 集成运算放大器的图形符号和外形

集成运算放大器的图形符号如图 3.2(a)所示。集成运算放大器的输入多由差分放大电路组成，因此集成运算放大器有两个输入端和一个输出端。在两个输入端中，与输出端信号相位相反的称为反相输入端，在图中用符号"－"表示；与输出端信号相位相同的称为同相输入端，在图中用符号"＋"表示。图 3.2 中"▷"表示信号的传输方向，" ∞"表示理想条件。

大多数集成运算放大器只在合适的直流电源供给的条件下才能正常工作，且需要由两个直流电源供电，如图 3.2(b)所示。从集成运算放大器内部引出的两个电端子分别接到电源。一般集成运算放大器的参考地就是两个电的公共地端，又称模拟地端。

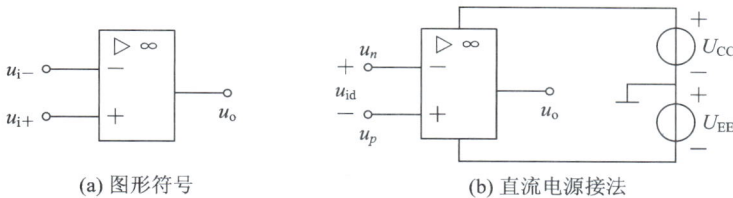

(a) 图形符号　　　　　　　　(b) 直流电源接法

图 3.2　集成运算放大器的图形符号及直流电源接法

由图 3.2(b)可知，集成运算放大器至少有 5 个端子。在一些高精度集成运算放大器中，还可能有几个专门用途的端子，如频率补偿端和调零端等，读者可查阅有关手册了解相应功能。

集成运算放大器的种类及封装形式繁多，常见的封装形式有金属圆形封装、双列直插式（DIP）封装、SOP 封装、SOJ 封装等，如图 3.3 所示，封装所用材料有陶瓷、金属、塑料等。陶瓷封装的集成运算放大器气密性、可靠性高，使用的温度范围

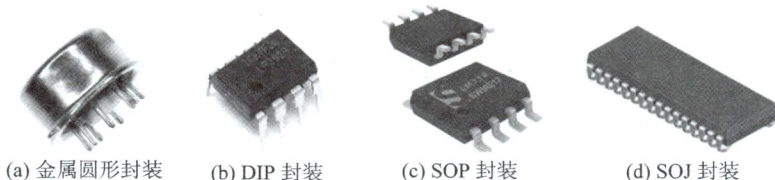

(a) 金属圆形封装　　(b) DIP 封装　　(c) SOP 封装　　(d) SOJ 封装

图 3.3　常见集成运算放大器的封装形式

宽(-55~125℃)；塑料封装的集成运算放大器在性能上要稍微差一些，不过其由于价格低廉而获得广泛应用。

不论采用何种封装形式，集成运算放大器的基本识读方法类似，这里以 LM741 为例介绍集成运算放大器的识读方法。LM741 为高增益单运算放大器，其引脚排列如图 3.4 所示。

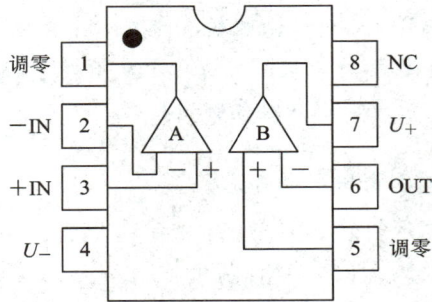

图 3.4　LM741 的引脚排列

由于集成器件引脚较多，在识读引脚时首先要找到器件标识，如半圆缺口、圆点、竖线等。如图 3.4 所示，LM741 以半圆缺口和圆点标记器件引脚读数起点及方向，然后按逆时针方向依次为器件的引脚 1~引脚 8。其中引脚 2 为反相输入端、引脚 3 为同相输入端、引脚 6 为输出端、引脚 7 为电源正端、引脚 4 为电源负端、引脚 1 和引脚 5 为调零端、引脚 8 为空脚。

二、集成运算放大器的特性

1. 集成运算放大器的理想特性

在对由集成运算放大器组成的电路进行分析时，一般将集成运算放大器看作一个理想器件，如图 3.5 所示。在本书中，由集成运算放大器构成的电路如无特殊说明，均采用理想特性进行分析。

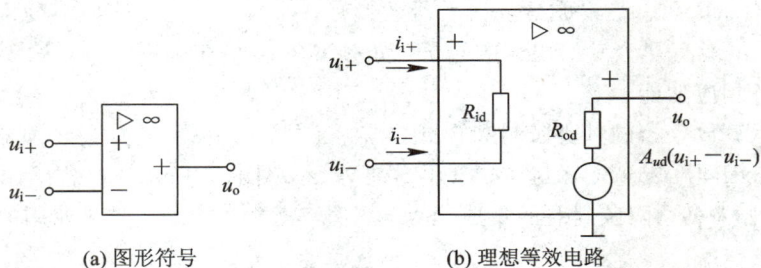

(a) 图形符号　　　　　　　　　(b) 理想等效电路

图 3.5　集成运算放大器图示及理想等效电路

集成运算放大器的理想特性参数包括：

(1) 开环差模电压放大倍数 $A_{ud}=\infty$，表示理想集成运算放大器开环(无正、负反馈)电压放大倍数无限大。

(2) 差模输入电阻 $R_{id}=\infty$，表示理想集成运算放大器差模输入电阻无限大，对前级吸取的电流趋于零。

（3）输出阻抗 $R_{od}=0$，表示理想集成运算放大器输出电阻趋于零，带负载能力很强。

（4）共模抑制比 $K_{CMR}=\infty$，表示理想集成运算放大器只放大差模信号，不放大共模信号，抗干扰能力很强。

在线性放大电路中，由集成运算放大器理想特性参数可衍生得到下面两个重要结论。

（1）理想集成运算放大器的两输入端电位差趋于零。

同相输入端的电位等于反相输入端的电位。当集成运算放大器工作在线性区时，其输出电压 u_o 是有限的，而开环电压放大倍数 $A_{ud}=\infty$，则

$$u_i = u_{i+} - u_{i-} = \frac{u_o}{A_{ud}} = 0 \qquad (3-1)$$

即

$$u_{i+} = u_{i-} \qquad (3-2)$$

两输入端同电位，即可视作短路，称为"虚短"；当有一个输入端接地时，另一个输入电位端非常接近地电位，称为"虚地"。

（2）理想集成运算放大器的输入电流趋于零。

理想集成运算放大器的输入电阻 $R_{id}=\infty$，由欧姆定律可得，输入电流为零，同相、反相输入端不吸取前级输入电流，即

$$i_{i+} = i_{i-} = 0 \qquad (3-3)$$

此时，两个输入端相当于断路，称为"虚断"。

"虚短"和"虚断"是集成运算放大器工作在线性放大状态的两个重要结论。这两个重要结论是分析集成运算放大器线性放大电路的基础，因此必须牢牢记住。

实际集成运算放大器当然不可能达到上述理想化的技术指标。但是由于制造集成运算放大器工艺水平的不断提高，集成运算放大器产品的各项性能指标日益改善。一般情况下，在分析集成运算放大器时，将实际集成运算放大器视为理想集成运算放大器所带来的误差在工程上是允许的。

在分析集成运算放大器应用电路的工作原理和输入、输出关系时，运用集成运算放大器理想特性概念，有利于抓住事物的本质，忽略次要因素，简化分析过程。

2. 使用集成运算放大器时的注意事项

（1）使用集成运算放大器前应认真阅读器件厂家提供的说明文件，了解所用集成运算放大器的特性及各引脚排列位置。在外接电路时，要特别注意正、负电源端及同相、反相输入端位置。

（2）集成运算放大器接线要正确可靠。由于集成运算放大器外接引脚较多，在集成运算放大器接线完毕后，应认真检查接线，确认无误后，方可通电，否则有可能损坏器件。因集成运算放大器工作电流很小，输入电流只有纳安级，故集成运算放大器各引脚接触应良好，否则电路将不能正常工作。

（3）输入信号不能过大。输入信号过大可能损坏器件，为了保证集成运算放大器正常工作，在将输入信号接入集成运算放大器之前，应对其幅度进行初测，使之

不超过规定的极限值，即差模输入电压应小于最大差模输入电压，共模输入电压应小于最大共模输入电压。

（4）电源电压不能过高，极性不能接反。在接入电源时，应先调好直流电源输出电压，再将电源接入电路。

（5）集成运算放大器要调零。所谓调零，是指将集成运算放大器应用电路输入端短路，调节调零电位器，使集成运算放大器输出电压等于零。集成运算放大器在进行直流运算时，特别是在小信号高度精密直流放大电路中，调零是十分重要的，因为集成运算放大器存在失调电压和失调电流，即使输入端短路，也会出现输出电压不为零的现象，从而影响运算的精度，严重时会使运算电路不能工作。目前，大部分集成运算放大器都设有调零端，所以在使用时应按手册中给出的调零步骤进行调零，但也有集成运算放大器没有调零端，此时应外接调零电路进行调零。在调零时，还应注意以下几点：

① 调零必须在闭环条件下进行。

② 输出端电压应用电压挡小量程进行测量。

③ 若调节调零电位器不能使输出电压达到零，或输出电压不变，出现输出电压等于 $+U_{CC}$ 或 $-U_{EE}$ 等情况，则应检查电路连接是否正确，输入端是否短路或接触不良，电路是否构成闭环等。若经检查接线正确可靠，输出端电压仍不能调零，则可怀疑集成运算放大器损坏或质量不好。

三、集成运算放大器的技术指标

1. 开环差模电压放大倍数 A_{uo}

集成运算放大器在输出端与输入端之间不接入任何元件，输出端不接负载状态下的直流差模放大倍数，定义为 $A_{uo}=\dfrac{u_o}{u_i}=\dfrac{u_o}{(u_{i+}-u_{i-})}$。如用分贝表示，开环差模电压放大倍数为 $20\lg A_{uo}$。集成运算放大器的开环差模电压放大倍数多为 $1\times10^4 \sim 1\times10^7$，即 $80\sim140$ dB。因为集成运算放大器在线性段不用于开环状态，所以开环差模电压放大倍数只表示集成运算放大器的精度。

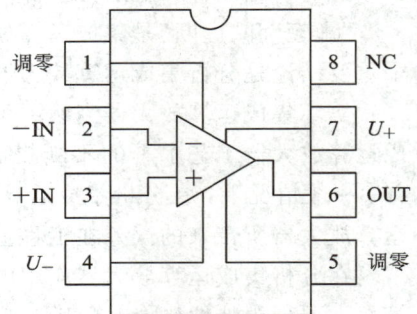

图 3.6　CF741 集成运算放大器的管脚

CF741 的 A_{uo} 约为 100 dB，CF741 集成运算放大器的管脚如图 3.6 所示。

2. 最大输出电压 U_{opp}

最大输出电压是指在不失真的条件下最大的输出电压的峰值。CF741 的 U_{opp} 约为 ±13 V$\sim\pm14$ V。

3. 输入失调电压 U_{io}

输入失调电压又称为补偿电压。由于元件不完全对称，使得 $u_i=0$ 时，$u_o\neq0$。输入失调电压是为保持 $u_o=0$，需要在输入端施加补偿电压，U_{io} 越小越好，一般为几毫伏。

4. 输入失调电流 I_{io}

由于元件不完全对称，当 $u_i = 0$ 时，$i_{i+} \neq i_{i-}$。输入失调电流是 $u_i = 0$ 时静态基极电流的差值，即 $I_{io} = |i_{i+} - i_{i-}|$。$I_{io}$ 越小越好，一般在 $1 \sim 100$ nA。

5. 最大差模输入电压 U_{idM}

最大差模输入电压是指不致使输入级三极管遭到破坏的输入电压。CF741 的 U_{idM} 约为 ± 30 V。

6. 最大共模输入电压 U_{icM}

最大共模输入电压是指在正常工作时能够抑制的最大共模电压。CF741 的 U_{icM} 约为 ± 13 V。

7. 共模抑制比 K_{CMR}

一般是指差模电压放大倍数 A_{ud} 与共模电压放大倍数 A_{uc} 之比。高精度集成运放的 K_{CMR} 高达 120 dB。CF741 的 K_{CMR} 约为 90 dB。

8. 输出电阻 R_o

输出电阻是指在开环状态下的动态输出电阻。R_o 表征集成运算放大器对信号源的要求。R_o 多为数十欧甚至数百欧。CF741 的 R_o 约为 75 Ω。

思考练习

1. 请说出集成运算放大器的特点。
2. 集成运算放大器是由 _____、_____、_____ 和 _____ 组成的。
3. 请回答，集成运算放大电路的中间级作用是什么？
4. 集成运算放大器共有 _____ 类引出端，分别是 _____、_____、_____ 和 _____。
5. 集成运算放大器的两个输入端分别称为 _____ 和 _____；前者的极性与输出端 _____；后者的极性与输出端 _____。
6. 应如何理解线性状态下，集成运算放大器的"虚短"和"虚断"特点？

课程思政

比例运算放大器输出等于输入与放大倍数之积。这可类比勿以善小而不为，勿以恶小而为之，好的事不要因为小而不做，不好的事也不要因为小而做，很多小事都是可以通过一定的渠道变成大事的。

任务二　放大电路中的反馈

任　务　单

一、学习目标

（一）知识目标

　　（1）了解反馈的组成；

　　（2）认识直流反馈、交流反馈和交直流反馈；

　　（3）认识电压反馈和电流反馈；

　　（4）认识串联反馈、并联反馈；

　　（5）认识正反馈、负反馈。

（二）能力目标

　　（1）能够说出反馈的组成；

　　（2）会判断反馈的类型。

（三）素质目标

　　（1）具有团队协作能力；

　　（2）具有分析问题、解决问题的能力。

二、任务分析

（一）反馈的基本概念

　　反馈是改善放大电路性能的重要手段，实用的电路几乎都采用反馈，因此掌握反馈基本概念和分析方法是研究电路的基础。

（二）反馈的类型和判断

　　掌握反馈的类型及判断方法。

三、总结反思

　　（1）想一想你学到了哪些新知识；

　　（2）想一想你掌握了哪些新技能；

　　（3）你对自己在本任务中的表现满意吗？写出课后反思。

知识储备

一、反馈的基本概念

　　大多数放大电路都会使用某种形式的反馈，反馈可用来改善放大电路的性能。

在放大电路中,将输出量(输出电压或输出电流)的一部分或者全部通过一定的电路形式作用到输入回路,用来影响放大电路的输入量(放大电路的输入电压或输入电流)的措施称为反馈。反馈有正、负之分,在放大电路中主要引入负反馈,它可使放大电路的性能得到显著改善,所以以负反馈放大电路得到了广泛应用。

反馈不仅是改善放大电路性能的重要手段,还是电子技术和自动调节原理中的一个基本概念。在各种电子设备中,对精度、稳定性或其他性能有较高要求的放大电路,人们经常采用反馈的方法来改善电路的性能,以达到实际工作中要求的技术指标。

本任务讨论人为地通过外部元件正确连接所产生的反馈,不讨论在放大电路内部由自身信号回馈所形成的反馈。

含有反馈网络的放大电路称为反馈放大电路,如图3.7所示。反馈放大电路由基本放大电路和反馈网络构成一个闭环系统,因此又称为闭环放大电路,无反馈的基本放大电路称为开环放大电路。

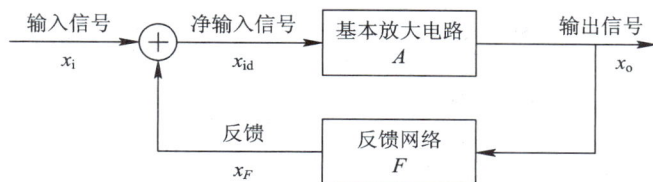

图 3.7　反馈放大电路的组成

在图3.7中,x_i、x_F、x_{id}和x_o分别称为输入信号、反馈信号、净输入信号和输出信号,它们可以是电压,也可以是电流。箭头方向表示信号的传输方向,传输方向由输入端到输出端称为正向传输;传输方向由输出端到输入端称为反向传输。

在实际放大电路中,输出信号x_o经基本放大电路内部反馈产生的反向传输作用很微弱,可忽略不计,所以可以认为基本放大电路只能将净输入信号x_{id}正向传输到输出端。同样,在实际反馈网络中,输入信号x_i,通过反馈网络产生的正向传输作用也很微弱,也可忽略不计,这样也可认为反馈网络只能将输出信号x_o反向传输到输入端。

由图3.7可得,基本放大电路的放大倍数(也称开环增益)为

$$A = \frac{x_o}{x_{id}} \qquad (3-4)$$

反馈网络的反馈系数为

$$F = \frac{x_F}{x_o} \qquad (3-5)$$

反馈放大电路的放大倍数(也称闭环增益)为

$$A_F = \frac{x_o}{x_i} \qquad (3-6)$$

x_i、x_F和x_{id}三者之间的关系为

$$x_{id} = x_i - x_F \qquad (3-7)$$

将式(3-4)、式(3-5)和式(3-7)代入式(3-6)，可得

$$A_F = \frac{A}{1 + AF} \tag{3-8}$$

上式称为反馈放大电路的基本关系式，它表明了闭环放大倍数与开环放大倍数、反馈系数之间的关系。$1+AF$ 称为反馈深度，AF 称为环路放大倍数(也称环路增益)。

二、反馈的类型及判定

一个系统有无反馈，主要是判断系统电路是否存在信号的逆向通路——反馈通路，如图 3.8 所示。

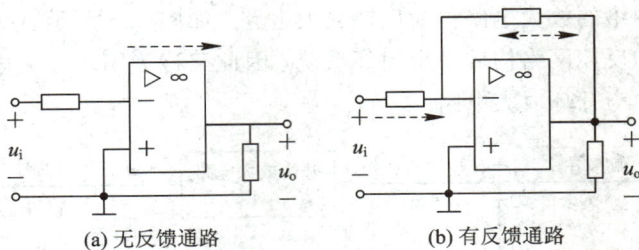

(a) 无反馈通路   (b) 有反馈通路

图 3.8　反馈通路有无示意图

系统引入反馈的方式种类很多，因此分类方法也较复杂。最常见的分类方式概括为四种：按照反馈信号是直流还是交流分类，按照输出端取样信号是电流还是电压分类，按照输入端反馈信号与输入信号的比较方式分类，按照反馈对放大能力影响即极性分类。下面主要研究各种分类方式反馈的特性。

1. 直流反馈、交流反馈和交直流反馈

反馈到输入端的信号可能是直流量、交流量或者交直流成分都有。因此，反馈信号可能影响系统交流性能或直流性能，也可能影响交直流两方面性能。按照反馈信号是直流还是交流，反馈分为直流反馈、交流反馈、交直流反馈。

(1) 直流反馈：反馈信号为直流量的反馈。

(2) 交流反馈：反馈信号为交流量的反馈。

(3) 交直流反馈：反馈信号既有直流量又有交流量的反馈。

判断交直流反馈时，一般根据反馈网络上有无串并联的电抗性元件。如果有串联的电容元件，如图 3.9 所示，在断开 K_3、K_4 情况下，如果 K_2 接 3 触点，由于电容隔直作用，不论 K_1 接哪个触点，反馈肯定为交流反馈；如果 K_2 接 4 触点，不论 K_1 接哪个触点，则都为交直流反馈；如果 K_3 闭合，K_2 接 4，不论 K_1 接哪个触点，则反馈肯定为直流反馈。

2. 电压反馈和电流反馈

按照输出端反馈取样信号是电压还是电流分类，反馈分为电压反馈与电流反馈。如果反馈信号是输出电压的一部分或全部，即反馈信号的大小与输出电压相等

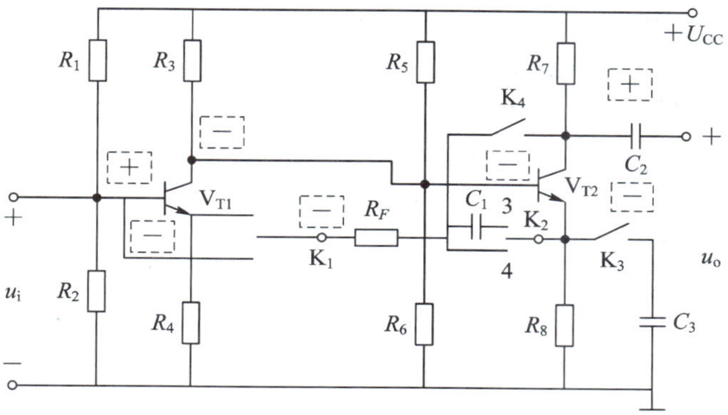

图 3.9　反馈电路示意图

或成比例的反馈称为电压反馈；如果反馈信号是输出电流的一部分或全部，即反馈信号的大小与输出电流成比例的反馈称为电流反馈。电压反馈与电流反馈的判断方法主要有以下两种：

（1）经典法。经典法也称负载短路法，将输出电压端短路（输出电压置零），若反馈回来的反馈信号为零，则为电压反馈；反之为电流反馈。具体说，就是假设负载短路，使输出电压 $u_o=0$，观察反馈信号是否依然存在。若存在，则说明反馈信号与输出电压成比例，该反馈是电压反馈；若反馈信号不存在了，则说明反馈信号与输出电压没有直接决定关系，肯定是取自输出电流，该反馈是电流反馈。

如图 3.9 所示，如果 K_2 完全断开（既不接 3 触点也不接 4 触点），K_4 闭合，如果输出端短路，则不会有信号反馈回输入端，所以不论其他开关如何接法，则都为电压反馈。如果 K_4 断开，不论 K_2 接触点 3 或 4，如果此时输出端短路，仍然会有反馈信号反馈到输入端，故为电流反馈。

（2）关联节点法。关联节点法指按信号取样与比较方式判定电压、电流反馈或串、并联反馈的方法。关联节点定义为该节点电压在断开反馈网络后与输出电压或输入电压信号呈线性关系的节点。在交流通路输出回路，反馈信号取样端与放大器的输出端处在同一个三极管的同一个电极上（或运放的同一输入端）为关联节点，则为电压反馈；否则是电流反馈。

如图 3.9 所示，如果 K_2 断开（不接任何节点），K_4 闭合，反馈信号直接取自输出节点，则为电压反馈。如果 K_2 闭合（接 3 或 4 触点），K_4 断开，反馈信号取自三极管 V_{T2} 发射极，输出电压信号节点在 V_{T2} 集电极，反馈信号取样节点与输出电压节点不是关联节点，故为电流反馈。

关联节点有两种情况，其一是反馈信号直接取自交流通路中输出电压节点，如图 3.9 所示 K_2 完全断开，K_4 闭合反馈取样情况；其二是反馈的取样网络与负载并联，如图 3.10 所示情况。在图 3.10(a)中，取样信号与电压节点并无关系，R_F 引入的反馈为电流反馈。而图 3.10(b)中，取样点信号虽不是电压节点，但取样值与输出电压节点近似线性关系，也称为关联节点，因此 R_F 引入的反馈为电压反馈。

(a) 电流负反馈　　　　　　　　(b) 电压负反馈

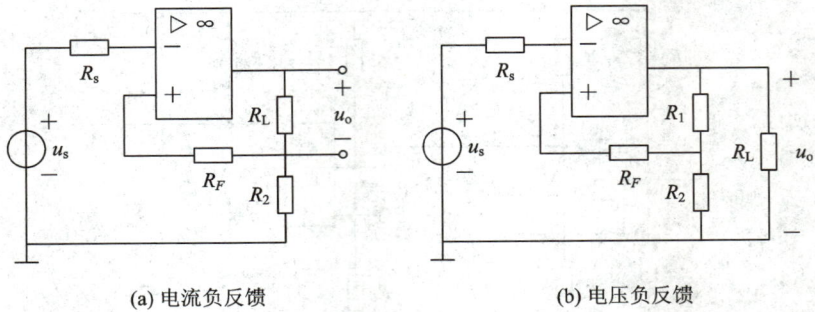

图 3.10　电压电流反馈判断示意图

3. 串联反馈和并联反馈

在放大电路输入端，按反馈信号与输入信号的连接（比较）方式来分，反馈有串联反馈与并联反馈。

对交流信号而言，信号源、基本放大电路、反馈网络三者在比较端是串联连接，即反馈信号和输入信号是在输入端以电压方式求和的，此种反馈称为串联反馈。

对交流信号而言，信号源、基本放大电路、反馈网络三者在比较端是并联连接，反馈信号和输入信号是在输入端以电流方式求和的，此种反馈称为并联反馈。

图 3.11(a)所示为串联反馈示意图，按参考方向信号比较方式，有

$$u_{id} = u_i - u_F$$

而图 3.11(b)所示为并联反馈，按参考方向信号比较方式，有

$$i_{id} = i_i + i_F$$

(a) 串联反馈示意图　　　　　　　　(b) 并联反馈示意图

图 3.11　串、并联反馈示意图

关联节点法仍然适用于串联反馈和并联反馈的判定，对交流分量而言，若信号源的输出端和反馈网络的反馈信号的比较端接于输入端关联节点（或相关节点，即同一个放大器件的同一个电极上），则为并联反馈；否则为串联反馈。根据定义，由于反馈量与输入量接到同一节点，电压相同（或近似线性关系），只能以电流形式比较，故为电流反馈，反之则为电压反馈。

判断电路的反馈方法总结起来有"有无反馈看联系，电压电流看输出，串联并联看输入，交流直流看电容，正负反馈看极性"。

· **64** ·

4. 负反馈和正反馈

根据前面反馈深度的分析,按照极性分类可将系统引入的反馈分为负反馈与正反馈。负反馈中,净输入信号 $x_{id} < x_i$,输出幅度下降;正反馈中,净输入信号 $x_{id} > x_i$,输出幅度增加。如图 3.12 所示,如果 x_{id} 与 x_i 同极性,在叠加环节如果取"+",则为正反馈;否则为负反馈。

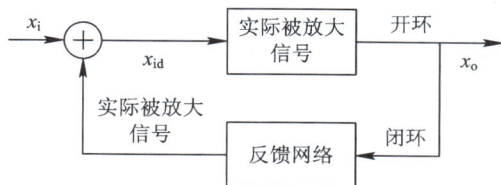

图 3.12　电压电流反馈判断示意图

反馈极性判断是难点,基本的方法是瞬时极性法,具体描述为在放大电路的输入端,假设一个输入信号的电压极性,可用"+""-"或"↑""↓"表示。先断开反馈支路按正向信号传输方向(基本放大电路通道)依次判断标明相关点的瞬时极性至输出端,然后接上反馈支路判断反馈到输入端比较环节的反馈信号的瞬时电压极性。如果在输入端反馈信号的瞬时极性使净输入信号减小,则为负反馈;反之则为正反馈。

综上所述,判断反馈极性步骤概括如下:

(1)假设输入信号某一时刻对地电压的瞬时极性(可"+"可"-",一般为"+")。

(2)沿信号正向传输路径,依次推导出电路中相关点的瞬时极性,用"+"或"-"标明。

(3)根据输出信号极性沿反馈网络判断反馈回输入端参与比较的反馈信号极性,用"+"或"-"标明。

(4)按照反馈信号与输入信号极性关系确定反馈的极性。

思考练习

1. 反馈的类型有哪些?
2. 反馈类型判断方法有哪些?

课程思政

(1)一个小小的放大电路中,所有元件共同作用,将不可能变成了现实,正如新冠疫情初期,在党的领导下,从中央到地方、从机关到基层,各级上下联动,依靠广大的人民群众,全力阻击疫情。这也体现了中国特色社会主义制度的优越性。作为新时代的大学生要坚持对马克思主义的坚定信仰、对中国特色社会主义的坚定信念,坚定道路自信、理论自信、制度自信、文化自信。

（2）多级放大电路是由输入级、中间级、输出级等构成。输入级的使命是提高放大电路的输入电阻；中间级的使命是放大电压；输出级的使命是降低输出电阻。作为新时代的大学生，也要牢记自己的初心和使命。

（3）5G技术也离不开集成电路的发展。我国5G技术在世界处于绝对领先位置，但有些核心芯片依赖于进口的现状还没有改变，因此，新一代大学生要响应国家号召，知难而进，立志科学攻关，在科技强国战略中施展才华。

实训　声音探听器的制作与调试

在老师指导下，在万能实验板上连接声音探听器的电路。

1. 实训设备。

示波器、电烙铁、万能实验板、万用表。

2. 请根据表3.1领取本项目所需要的材料。

表 3.1　元器件清单

声音探听器元器件清单		
器材	规格	领取数量
电阻	10 kΩ	3 根
电阻	1 kΩ	2 个
电阻	1 MΩ	2 个
电容器	103	2 个
电容器	104	1 个
电容器	10 μF	1 个
电容器	220 μF	1 个
运放集成块	LM358	1 个
集成块插脚	8P	1 个
驻极体话筒		1 个
导线		若干根
万能实验板	9×15	1 块

3. 按照电路原理图连接实际电路。

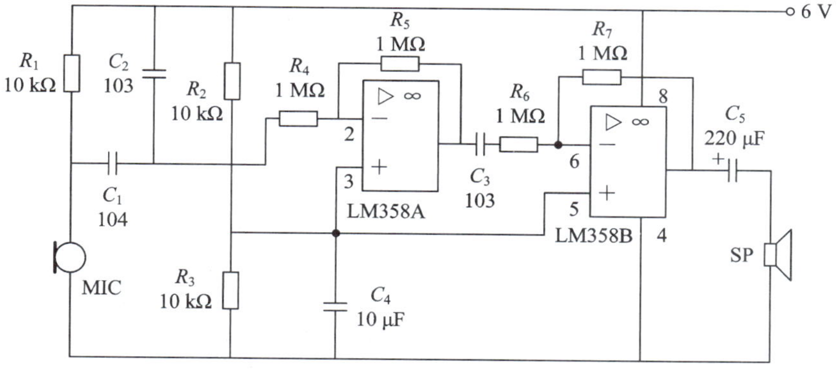

图 3.13　声音探听器电路

4. 测试元器件的好坏，根据元件清单，用万用表分别测试元件的好坏。

5. 根据各种元器件的安装和连接方式，先用尖口钳将元器件成型。

6. 根据元器件的高低，由低到高依次安装和焊接元器件，元器件之间的连接用焊锡桥代替，焊接好后用斜口钳把元器件的引脚剪掉。

7. 检查与调试。

（1）检查电路设计的原理图，并确定导线的连接与电路原理图一致。

（2）检查导线的连接，并检查导线是否断路，根据电路原理图，用万用表打到合适的挡位，测试各导线对应的接点是否导通。

（3）检查试验仪器和器材是否完好，确保电源 6 V 直流电压输出正常，话筒和扬声器工作正常，电阻和电容全部正常，芯片 LM358 工作正常。当接通电源，扬声器可以正常听到远处的声音。

8. 写出声音探听器基本原理。

9. 写出声音探听器是由哪几部分组成的。

项目四 | 集成运算放大器的线性应用

项目描述

集成运算放大器是一个能够对弱电的控制信号进行整形、运算和功率放大的电子控制装置。对集成运算放大器的基本要求是能及时地产生正确有效的控制信号。本项目首先介绍集成运算放大器线性电路及其基本特性等，然后结合实例介绍集成运算放大器的线性应用。

项目目标

1. 知识目标

（1）掌握同相比例运算电路的工作原理；
（2）掌握反相比例运算电路的工作原理；
（3）掌握加法运算电路的工作原理；
（4）掌握减法运算电路的工作原理。

2. 能力目标

（1）能够分析同相、反相、加法、减法运算电路；
（2）会使用集成运算放大器。

3. 素质目标

（1）在实训项目中培养严谨认真的态度；
（2）在团队任务中培养协同合作的精神；
（3）增强民族自信、文化自信。

任务 集成运算放大器线性电路

任 务 单

一、学习目标

（一）知识目标

（1）认识反相比例运算电路；

（2）认识同相比例运算电路；

（3）认识加法运算电路；

（4）认识减法运算电路。

（二）能力目标

（1）能够分析反相比例运算电路；

（2）能够分析同相比例运算电路；

（3）会分析加法、减法运算电路；

（4）会测试云端电路。

（三）素质目标

（1）具有团队协作能力；

（2）具有分析问题、解决问题的能力。

二、任务分析

你知道集成电路吗？集成电路种类繁多，其中应用最广泛的就是集成运算放大器。

捣固车中，捣固机的捣固机构中有一个非常重要的元件——深度传感器，捣固作业时，通过电位器设定捣固深度，通过深度指示器显示捣固深度设定值，同时输入级又有比例阀的电流显示表来指示比例阀的电流情况，当踩下踏板后，信号经过捣固头比例控制板处理后，使得比例阀工作，驱动捣固装置执行油缸升降从而带动捣固动作，并由深度传感器来检测捣固装置是否到位。其中捣固头的运动幅度并不大，转换成的电信号也非常弱，需要比例控制板将它放大再传输给比例阀。

那你知道，比例控制板是怎样将信号放大的吗？通过本次任务的学习，你将会掌握放大的原理。

（一）集成运算放大器线性电路

本任务将介绍集成运算放大电路的类型，解释常见运算放大电路的输入、输出电压关系。通过此次学习，可设计简单的运算电路。

（1）能够分析反相比例运算电路、同相比例运算电路的输入电压、输出电压的关系。

（2）能够分析加法、减法运算电路的输入电压、输出电压的关系。

（二）集成运算放大器线性电路计算

本任务通过几个练习题，讲解加法、减法运算电路的计算。

三、总结反思

（1）想一想你学到了哪些新知识；

（2）想一想你掌握了哪些新技能；

（3）你对自己在本任务中的表现满意吗？写出课后反思。

知识储备

一、集成运算放大器线性电路

输出与输入模拟信号之间构成一定的数学运算关系的电路称为运算电路，当集成运算放大器接入适当的反馈电阻时就可以构成各种线性运算电路。由集成运算放大器构成的常见线性运算电路有比例运算电路、加法和减法运算电路、微分和积分运算电路等。

由于集成运算放大器开环增益很高，由它构成的基本运算电路均为深度负反馈电路，对这些电路进行分析主要应用集成运算放大器的理想特性，如集成运算放大器的两输入端之间的"虚短"和"虚断"特性。

1. 比例运算电路

比例运算电路包括同相比例运算电路和反相比例运算电路，它们是最基本的运算电路，也是组成其他各种运算电路的基础。下面分析它们的构成和主要工作特点。

1）反相比例运算电路

图 4.1 所示为反相比例运算电路，输入信号 u_i 通过电阻 R_1 加到集成运算放大器的反相输入端，而输出信号通过反馈电阻 R_F 引回到反相输

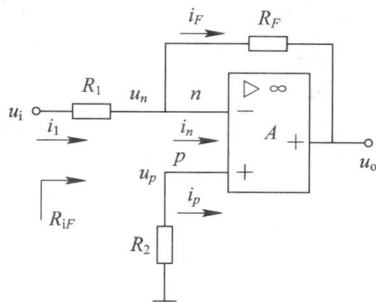

图 4.1　反相比例运算电路

入端，构成深度电压并联负反馈。同相输入端通过电阻 R_2 接地，R_2 称为直流平衡电阻，其作用是使集成运算放大器两输入端的对地直流电阻相等，从而避免集成运算放大器输入偏置电流在两端之间产生附加的差模输入电压，故要求 $R_2 = R_1 /\!/ R_F$。

根据集成运算放大器同相输入端"虚断"特性，可得 $i_p \approx 0$，故 $u_p \approx 0$，根据集成运算放大器两输入端"虚短"特性，可得 $u_n \approx u_p \approx 0$，因此，由图 4.1 可得

$$i_1 = \frac{u_i - u_n}{R_1} \approx \frac{u_i}{R_1} \qquad (4-1)$$

$$i_F = \frac{u_n - u_o}{R_F} \approx - \frac{u_o}{R_F} \tag{4-2}$$

根据集成运算放大器反相输入端"虚断"特性，可知 $i_n \approx 0$，在节点 n 处有 $i_1 \approx i_F$，所以有

$$\frac{u_i}{R_1} \approx - \frac{u_o}{R_F} \tag{4-3}$$

故可得输出电压与输入电压的关系为

$$u_o \approx - \frac{R_F}{R_1} u_i \tag{4-4}$$

由此可见，u_o 与 u_i 成比例，且输出、输入电压反相，因此图 4.1 所示电路称为反相比例运算电路，其比例系数为

$$A_{uF} = - \frac{u_o}{u_i} \approx - \frac{R_F}{R_1} \tag{4-5}$$

反相比例运算电路主要有如下工作特点：

（1）它是深度电压并联负反馈电路，可作为反相放大器，调节 R_F 和 R_1 的比值即可调节 A_{uF}，其中 A_{uF} 可以大于 1，也可以小于 1。

（2）输入电阻小，故输入电阻不会对输入信号造成太大的负载影响，保证输入信号的完整性和稳定性。

（3）在反相比例运算放大电路中，$u_n \approx u_p \approx 0$，故反相输入端有"虚地"特性。

2）同相比例运算电路

图 4.2 所示为同相比例运算电路，输入信号 u_i 通过电阻 R_2 加到集成运算放大器的同输入端，而输出信号通过反馈电阻 R_F 引回到反相输入端，构成深度电压串联负反馈，反相输入端通过电阻 R_1 接地。R_2 为直流平衡电阻，满足 $R_2 = R_1 /\!/ R_F$。

根据集成运算放大器反相输入端"虚断"特性，可得 $i_n \approx 0$，所以有

$$i_1 \approx i_F \tag{4-6}$$

由图 4.2 可得

图 4.2 同相比例运算电路

$$\frac{0 - u_n}{R_1} \approx \frac{u_n - u_o}{R_F} \tag{4-7}$$

由集成运算放大器输入端"虚断"特性可得 $i_p \approx 0$，故 $u_p \approx u_i$，又由集成运算放大器两输入端"虚短"特性可得 $u_n \approx u_p \approx u_i$，代入上式，整理可得输出电压 u_o 与输入电压 u_i 的关系为

$$u_o \approx \left(1 + \frac{R_F}{R_1}\right) u_p \approx \left(1 + \frac{R_F}{R_1}\right) u_i \tag{4-8}$$

由于输出电压 u_o 与输入电压 u_i 成比例且同相，故图 4.2 所示电路称为同相比例运算电路，其比例系数为

$$A_{uF} = \frac{u_o}{u_i} \approx 1 + \frac{R_F}{R_1} \tag{4-9}$$

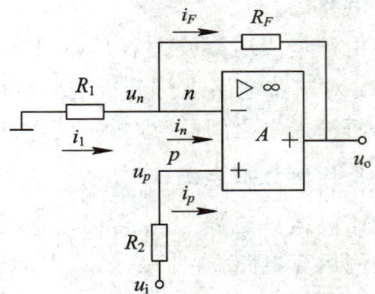

如果式中$R_1 \to \infty$，或者$R_F = 0$，则可得$A_{uF} = 1$，这种电路称为电压跟随器(见图 4.3)。

根据集成运算放大器同相输入端"虚断"特性可得，同相比例运算电路的输入端电阻为

$$R'_{iF} \approx \infty \qquad (4-10)$$

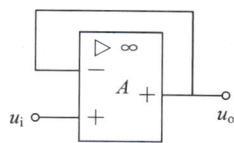

图 4.3　电压跟随器

综上所述，同相比例运算电路主要有如下工作特点：

(1) 它是深度电压串联负反馈电路，可作为同相放大器，调节R_F与R_1的比值，即可调节A_{uF}。

(2) 输入电阻趋于无穷大。

(3) 在同相比例运算电路中，$u_n \approx u_p \approx u_i$，说明此时运算放大器的共模电压不为零，因此在选用集成运算放大器构成同相比例运算电路时，要求集成运算放大器有较高的最大共模电压和较高的共模抑制比。

2. 加法与减法运算电路

加法运算即对多个输入信号进行求和。根据输出信号与求和信号是反相还是同相，加法运算分为反相加法运算和同相加法运算。

1) 加法运算电路

(1) 反相加法运算电路。

图 4.4 所示为反相加法运算电路，它是利用反相比例运算电路实现的。图 4.4 中，输入信号u_{i1}、u_{i2}分别通过电阻R_1、R_2加至集成运算放大器的反相输入端，R_3为直流平衡电阻，$R_3 = R_1 /\!/ R_2 /\!/ R_F$。

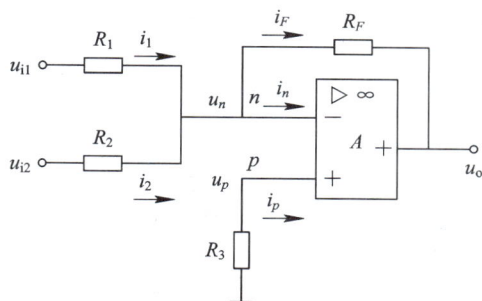

图 4.4　反相加法运算电路

根据集成运算放大器反相输入端"虚断"特性，可知$i_F \approx i_1 + i_2$，根据集成运算放大器反相输入端"虚地"特性，可得$u_n = 0$，由图 4.4 可得

$$-\frac{u_o}{R_F} \approx \frac{u_{i1}}{R_1} + \frac{u_{i2}}{R_2} \qquad (4-11)$$

故可得输出电压为

$$u_o \approx -\left(\frac{R_F}{R_1} u_{i1} + \frac{R_F}{R_2} u_{i2} \right) \qquad (4-12)$$

由此可见，图 4.4 电路实现了反相加法运算，若$R_F = R_1 = R_2$，则$u_o = -(u_{i1} + u_{i2})$。

由式(4-12)可见，这种电路在调节一路输入端电阻时，并不影响其他路信号产生的输出值，因而电路调节方便，使用得比较多。

（2）同相加法运算电路。

同相加法运算电路是利用同相比例运算电路实现的，输入信号u_{i1}、u_{i2}分别通过R_2、R_3加至集成运算放大器的同相输入端。为使直流电阻平衡，要求$R_2 /\!/ R_3 = R_1 /\!/ R_F$。

根据集成运算放大器同相输入端"虚断"特性，应用叠加原理可得

$$u_p \approx \frac{R_3}{R_2 + R_3} u_{i1} + \frac{R_2}{R_2 + R_3} u_{i2} \qquad (4-13)$$

化简可得

$$u_p \approx (R_2 /\!/ R_3)\left(\frac{u_{i1}}{R_2} + \frac{u_{i2}}{R_3}\right) \qquad (4-14)$$

根据同相输入时输出电压u_o与输入电压u_p的关系，可得

$$u_o \approx \left(1 + \frac{R_F}{R_1}\right)u_p \approx \left(1 + \frac{R_F}{R_1}\right)(R_2 /\!/ R_3)\left(\frac{u_{i1}}{R_2} + \frac{u_{i2}}{R_3}\right) \qquad (4-15)$$

化简整理可得

$$u_o \approx \frac{R_2 /\!/ R_3}{R_1 /\!/ R_F} R_F\left(\frac{u_{i1}}{R_2} + \frac{u_{i2}}{R_3}\right) \qquad (4-16)$$

又因为$R_2 /\!/ R_3 = R_1 /\!/ R_F$，所以

$$u_o \approx R_F\frac{u_{i1}}{R_2} + R_F\frac{u_{i2}}{R_3} \qquad (4-17)$$

由此可见，图 4.5 所示电路实现了同相加法运算，若$R_2 = R_3 = R_F$，则$u_o = u_{i1} + u_{i2}$。

注意：

① 只有在$R_2 /\!/ R_3 = R_1 /\!/ R_F$的条件下，式(4-7)才成立；

② 与反相加法运算电路相比，同相加法运算电路共模输入电压较高，且调节不太方便，但是其输入电阻大，可用在对输入电阻要求比较大的场合。

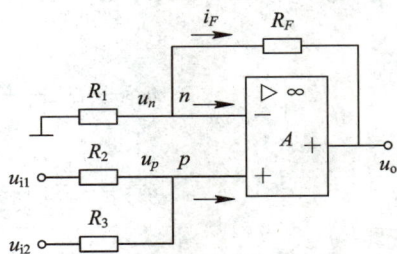

图 4.5　同相加法运算电路

2）减法运算电路

图 4.6 所示为减法运算电路，输入信号u_{i1}、u_{i2}分别通过R_1、R_2加至反相输入端和同相输入端，这种形式的电路又称为差分运算电路。对这类电路也可以用"虚短"和"虚断"来分析。应用叠加定理，根据同、反相比例运算电路已有的结论进行分析，可使分析更加简单。

根据$i_1 \approx i_F$，可以得到

$$\frac{u_{i1} - u_-}{R_1} \approx \frac{u_- - u_o}{R_1} \qquad (4-18)$$

化简可得

$$u_o \approx -\frac{R_F}{R_1}u_{i1} + \left(1+\frac{R_F}{R_1}\right)u_{i-} \quad (4-19)$$

又因为

$$u_{i-} \approx u_{i+} \approx \frac{R_3}{R_2+R_3}u_{i2} \quad (4-20)$$

所以

$$u_o \approx -\frac{R_F}{R_1}u_{i1} + \left(1+\frac{R_F}{R_1}\right)\frac{R_3}{R_2+R_3}u_{i2}$$

$$(4-21)$$

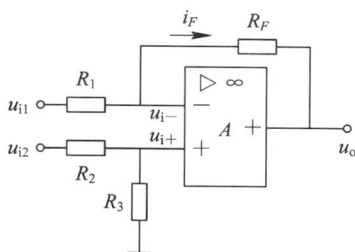

图 4.6　减法运算电路

该结果也可用叠加定理求得（根据同、反相比例运算电路已有的结论进行分析），如下：

如果 u_{i1} 单独作用，可得

$$u_o{'} \approx -\frac{R_F}{R_1}u_{i1} \quad (4-22)$$

如果 u_{i2} 单独作用，可得

$$u_o{''} \approx \left(1+\frac{R_F}{R_1}\right)\frac{R_3}{R_2+R_3}u_{i2} \quad (4-23)$$

如果 $R_1=R_2$，$R_F=R_3$，则有

$$u_o \approx -\frac{R_F}{R_1}(u_{i1}-u_{i2}) \quad (4-24)$$

上式说明，输出电压与两个输入电压的差值成比例，即完成两个信号的减法运算。

二、集成运算放大器线性电路计算

计算一：由两个集成运算放大器构成的减法运算电路如图 4.7 所示，试求出该电路的输出电压与输入电压的运算关系。

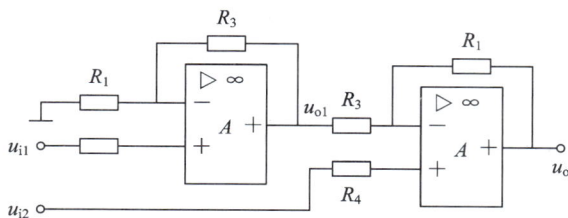

图 4.7　减法运算电路

提示：当多个运算电路相连时，由于前级电路的输出电阻均为零，其输出电压仅受控于自己的输入电压，后级电路并不影响前级电路的运算关系，所以在分析多级运算放大电路运算关系时，只需将前级电路的输出电压作为后级电路输入电压代入后级电路的运算关系式，就可以得到整个电路的关系。

计算二：如图 4.8 所示，已知$R_1 = 5\ \text{k}\Omega$、$R_2 = 20\ \text{k}\Omega$、$R_3 = 5\ \text{k}\Omega$、$R_4 = 12\ \text{k}\Omega$，求解图中的电路运算关系。

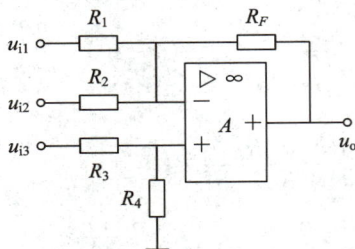

图 4.8 加法运算电路

计算三：如图 4.9 所示，若给定反馈电阻$R_F = 10\ \text{k}\Omega$，请设计实现$u_o = u_{i1} - 2u_{i2}$的运算电路。

图 4.9 差分运算电路

思考练习

1. 反相比例运算电路如图 4.1 所示，$R_1 = 10\ \text{k}\Omega$，$R_F = 100\ \text{k}\Omega$，则放大倍数为_____。

2. 同相比例运算电路如图 4.2 所示，$R_1 = 10\ \text{k}\Omega$，$R_F = 100\ \text{k}\Omega$，输入电压为 $10\ \text{mV}$，输出电压为_____。

3. 反相加法运算电路如图 4.4 所示，$R_1 = R_F = R_2 = R_3 = 10\ \text{k}\Omega$，输入电压为$U_1 = 10\ \text{mV}$，$U_2 = 20\ \text{mV}$，$U_3 = 30\ \text{mV}$，则输出电压为_____。

实训 比例运算电路的制作与调试

1. 实训设备。

（1）仪器、仪表：双路直流稳压电源、信号发生器、交流毫伏表、示波器、万用表。

（2）元器件：CF741 集成运算放大器 1 个，2 kΩ 电阻 3 个，5.1 kΩ、10 kΩ、20 kΩ 电阻各 1 个。

2. 由集成运算放大器组成的单级负反馈放大电路如图 4.10 所示，实训步骤及内容如表 4.1 所示。

(a) 电压串联负反馈放大电路

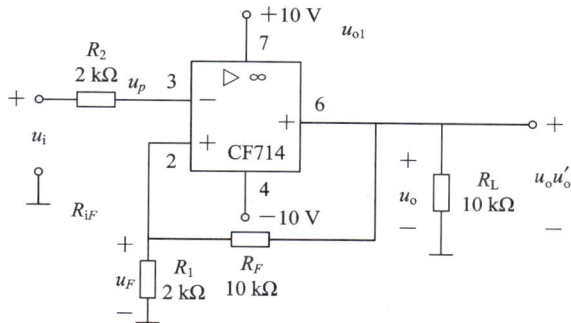

(a) 电压串联负反馈放大电路

图 4.10 由集成运算放大器组成的单级负反馈放大电路

表 4.1　实训步骤及内容

内容	步骤	技能点	训练步骤及内容
电压串联负反馈放大电路	1	电路连接	连接放大电路
	2		连接电源
	3	仪器仪表连接	设置信号发生器、示波器、交流毫伏表
	4		仪器、仪表接入电路
	5	数据测量	测量 u_i、u_p、u_F、u_o 的有效值
	6	数据处理及结论分析	计算并分析 A_{uF}、R_{iF}、R_{oF}
电流串联负反馈放大电路	1	电路连接	连接放大电路
	2		连接电源
	3	仪器仪表连接	设置信号发生器、示波器、交流毫伏表
	4		仪器、仪表接入电路
	5	数据测量	测量各点电压值 u_i、u_p、u_F、u_o'
	6	数据处理及结论分析	计算并分析 A_{uF}

项目五 门电路及组合逻辑电路的分析与测试

项目描述

数字电路是指用来传输和处理数字信号的电路，广泛应用于数字通信、计算机、数字电视机、自动控制、智能仪器仪表及航空航天等技术领域，并日益深入人们的日常生活中。

本项目从数字电路基础开始介绍数制与码制；然后讲述逻辑运算、逻辑函数的表示及化简；最后介绍编码器、译码器和数据选择器。

项目目标

1. 知识目标

（1）理解数制的概念，熟悉几种常用的数制，掌握常见数制之间的转换；

（2）理解码制的概念并了解几种常用的编码；

（3）掌握逻辑代数的基本定律、基本公式；

（4）掌握逻辑函数的表示方法与变换；

（5）理解逻辑函数化简的含义并掌握其化简方法；

（6）掌握组合逻辑电路的分析方法并熟悉其设计方法；

（7）掌握常用中规模组合逻辑电路的分析、测试方法和典型应用方法。

2. 能力目标

（1）能够进行数制间的相互转换；

（2）能用 8421BCD 码对十进制数编码；

（3）能够对逻辑函数进行化简；

（4）能够分析和测试组合逻辑电路的逻辑功能并合理应用中规模组合逻辑电路。

3. 素质目标

（1）在团队任务中培养协同合作的精神；

（2）激发学生的爱国主义精神和社会责任感、使命感；

（3）增强民族自信、文化自信。

任务一　认识数制和码制

任　务　单

一、学习目标

（一）知识目标

　　（1）理解常见数制和码制以及逻辑代数的基本概念；

　　（2）掌握常见数制之间的转换；

　　（3）掌握二进制数的原码、反码和补码表示。

（二）能力目标

　　能够对常见数制进行正确转换。

（三）素质目标

　　（1）具有团队协作能力；

　　（2）具有爱国主义精神、民族自豪感；

　　（3）具有民族担当意识、创新意识。

二、任务分析

（一）数字电路基础知识

　　（1）了解数字信号与模拟信号的区别；

　　（2）了解数字电路，并掌握其应用。

（二）数制与码制

　　（1）熟悉常见的几种数制；

　　（2）掌握十进制与二进制、八进制、十六进制数之间的转换；

　　（3）掌握二进制、八进制、十六进制数之间的转换。

三、总结反思

　　（1）想一想你学到了哪些新知识；

　　（2）想一想你掌握了哪些新技能；

　　（3）你对自己在本任务中的表现满意吗？写出课后反思。

一、数字电路基础知识

1. 数字电路的概念

在数字电子技术中，被传递、加工和处理的信号是数字信号。数字信号是指在时间和振幅上断续变化的离散信号，如图 5.1(a)所示。其高电平和低电平常用 1 和 0 来表示。而在模拟电子技术中，被传递、加工和处理的信号是模拟信号，这类信号的特点是信号在时间上和振幅上都是连续变化的，如广播电视中传送的各种语音视频信号和图像信号，如图 5.1(b)所示。

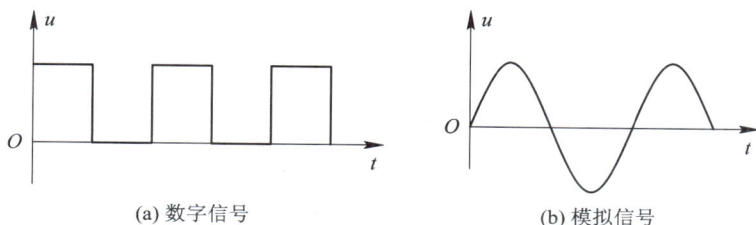

(a) 数字信号   (b) 模拟信号

图 5.1　数字信号和模拟信号

用于传递、加工和处理数字信号的电子电路，称为数字电路。它主要是研究输出与输入信号之间的对应逻辑关系，其分析的主要工具是逻辑代数。因此，数字电路又称为逻辑电路。

2. 数字电路的分类

根据电路结构的不同，数字电路可分为分立元件电路和集成电路两大类。分立元件电路是指将三极管、电阻、电容等元件用导线在电路板上连接起来的电路；而集成电路则是指将上述元器件和导线通过半导体制造工艺封装在一块硅片上，使它们成为一个不可分割的整体电路。

根据集成密度不同，集成电路可分为小规模、中规模、大规模和超大规模集成电路。

根据半导体的导电类型不同，集成电路可分为双极型电路和单极型电路。以双极型三极管作为基本器件的集成电路，称为双极型集成电路，如 TTL、ECL 集成电路等；以单极型 MOS 管作为基本器件的集成电路，称为单极型集成电路，如 NMOS、PMOS、CMOS 集成电路等。

3. 数字电路的特点

数字电路的特点包括：

(1) 数字电路内部的三极管(包括单、双极型)主要工作在饱和、导通或截止状态；模拟电路内部的三极管主要工作在放大状态。

(2) 数字电路的信号只有两种状态：高电平和低电平，分别对应于(或代表)二进制数中的 1 和 0，分别表示信号的有或无，便于数据处理。

（3）数字电路结构相对简单，功耗较低，便于集成。

（4）数字电路抗干扰能力强。其原因是利用脉冲信号的有无传递 1 和 0 的数字信息，高低电平间容差较大，幅度较小的干扰不足以改变信号的有无状态。

（5）数字电路不仅能完成数值运算，而且能进行逻辑运算和比较判断，从而在计算机系统中得到了广泛应用。

二、数制与码制

在日常工作和学习中经常接触到各种数据，为了记录和交流的方便，人们发明了多种不同的计数方法，如现在广泛使用的十进制数、钟表计时采用的六十进制数、计算机系统中采用的二进制数和十六进制数等。讨论数制的问题，主要是从计算机的角度来研究数的表示方法及其特点。在实际生产和生活中，各种数制之间经常还需要相互转换。

1. 常见数制

数制（Number System）是表示数值大小的各种方法的统称，是用一组统一的符号和规则表示数的方法。用数字量表示物理量的大小时，一位数码往往不够用，所以需要采用进位计数的方法组成多位数码。多位数码中每一位的构成方法及从低位到高位的进位规则即为数制，也称为进位计数制。在数制中，同一个数码在不同的数位上所表示的数值是不同的，所以进位计数制可以用少量的数码表示较大的数，因而被广泛采用。进位计数制涉及两个基本概念，即进位基数和数位的权值。

基数指一种数制中允许使用的数字符号个数。在基数为 R 的计数制中，包含 0，1，$\cdots$，$R-1$，共 R 个数字符号，进位规律是"逢 R 进一"，称为 R 进制。

权值指某个数位上数字符号为 1 时所表征的数值。不同数位有不同的权值，某一个数位的数值等于这一位的数字符号乘上与该位对应的位权。R 进制数的权值是 R 的整数次幂，可表示成 R^i 的形式。例如，十进制数的位权是 10 的整数次幂，其个位的位权是 10^0，十位的位权是 10^1，依次类推。

常用的进位计数制有十进制、二进制、八进制和十六进制。

1）十进制（Decimal）

十进制是人们日常生活和工作中最常用的进位计数制。在这种进位计数制中，每个数位规定使用的数码为 0，1，2，$\cdots$，9，共 10 个，故十进制的进位基数 R 为 10。计数规则为"逢十进一"。每一位的权值为 10^i，i 是每一数位的序号。

十进制用下标 10 或 D 表示，如 $(452.265)_D$，也可以按位权展开，例如：

$$(452.265)_D = 4 \times 10^2 + 5 \times 10^1 + 2 \times 10^0 + 2 \times 10^{-1} + 6 \times 10^{-2} + 5 \times 10^{-3}$$

十进制数人们最熟悉，但在数字电路中实现起来较困难。

2）二进制（Binary）

在二进制中，每个数位规定使用的数码为 0 和 1，共 2 个，故二进制的基数 R 为 2。二进制的计数规则是"逢二进一"。每一位的权值为 2^i，i 是每一数位的序号。

二进制数用下标 2 或 B 表示，例如：

$$(1011.01)_B = 1 \times 2^3 + 0 \times 2^2 + 1 \times 2^1 + 1 \times 2^0 + 0 \times 2^{-1} + 1 \times 2^{-2}$$

二进制数由于只需两个状态，机器实现容易，因而二进制代码是数字系统唯一认识的代码，但二进制代码书写时间太长。

3）八进制（Octal）

在八进制中，每个数位上规定使用的数码为 0，1，2，3，…，7，共 8 个，故八进制的进位基数 R 为 8。八进制的计数规则为"逢八进一"。每一位的权值为 8^i，i 是每一数位的序号。

八进制数用下标 8 或 O 表示，例如：

$$(634.56)_O = 6 \times 8^2 + 3 \times 8^1 + 4 \times 8^0 + 5 \times 8^{-1} + 6 \times 8^{-2}$$

因为 $2^3 = 8$，所以 3 位二进制数可用 1 位八进制数表示。

4）十六进制（Hexadecimal）

在十六进制中，每个数位上规定使用的数码符号为 0，1，2，…，9，A，B，C，D，E，F，共 16 个，故十六进制的进位基数 R 为 16。十六进制的计数规则为"逢十六进一"。每一位的权值为 16^i，i 是每一数位的序号。

十六进制数用下标 16 或 H 表示，例如：

$$(2FB.3C)_H = 2 \times 16^2 + F \times 16^1 + B \times 16^0 + 3 \times 16^{-1} + C \times 16^{-2}$$
$$= 2 \times 16^2 + 15 \times 16^1 + 11 \times 16^0 + 3 \times 16^{-1} + 12 \times 16^{-2}$$

因为 $2^4 = 16$，所以 4 位二进制数可用 1 位十六进制数表示。

注意：在计算机系统中，二进制主要用于机器内部的数据处理，八进制和十六进制主要用于书写程序，十进制主要用于运算最终结果的输出。表 5.1 列出上述四种常用数制的对照关系。

表 5.1　四种常用数制的对照关系

十进制	二进制	八进制	十六进制	十进制	二进制	八进制	十六进制
0	0	0	0	9	1001	11	9
1	1	1	1	10	1010	12	A
2	10	2	2	11	1011	13	B
3	11	3	3	12	1100	14	C
4	100	4	4	13	1101	15	D
5	101	5	5	14	1110	16	E
6	110	6	6	15	1111	17	F
7	111	7	7	16	10000	20	10
8	1000	10	8	17	10001	21	11

2. 常见数制之间的转换

1）将 R 进制数转换成十进制数

将 R 进制数（包括二进制、八进制和十六进制）转换为十进制数时，只要将 R 进制数按权展开，然后将各项数值按十进制数相加，便可得到等值的十进制数。

【例 5.1】 将二进制数 $(11010.01)_2$ 转换为十进制数。

解：

$$(11010.01)_2 = 1 \times 2^4 + 1 \times 2^3 + 1 \times 2^1 + 1 \times 2^{-2}$$
$$= 16 + 8 + 2 + 0.25$$
$$= (26.25)_{10}$$

同理，将任意进制数转换为十进制数时，只需将数写成按权展开的多项式表示式，并按十进制规则进行运算，便可求得相应的十进制数。

【例 5.2】 将八进制数 $(357.425)_8$ 转换为十进制数。

解：

$$(357.425)_8 = 3 \times 8^2 + 5 \times 8^1 + 7 \times 8^0 + 4 \times 8^{-1} + 2 \times 8^{-2} + 5 \times 8^{-3}$$
$$= 192 + 40 + 7 + 0.5 + 0.031\,25 + 0.009\,765\,625$$
$$= (239.541\,015\,625)_{10}$$

【例 5.3】 将十六进制数 $(7A.58)_{16}$ 转换为十进制数。

解：

$$(7A.58)_{16} = 7 \times 16^1 + 10 \times 16^0 + 5 \times 16^{-1} + 8 \times 16^{-2}$$
$$= 112 + 10 + 0.3125 + 0.031\,25$$
$$= (122.343\,75)_{10}$$

2）将十进制数转换成 R 进制数

将十进制数转换为 R 进制（包括二进制、八进制和十六进制）数时，需要将十进制数的整数部分和小数部分分别进行转换，然后再将两部分合并起来。

（1）整数部分。

将十进制数的整数部分转换为 R 进制时，一般采用辗转相除法（基数连除法，即除基取余法），即将该十进制数逐次除以基数 R，然后取余数的方法，具体步骤如下：

① 将给定的十进制数的整数部分除以 R，记下所得的商和余数；

② 把步骤①得到的商再除以 R，记下所得的商和余数；

③ 重复步骤②，不断得到余数，直到最后商为 0；

④ 将各个余数转换成 R 进制的数码，并按照和运算过程相反的顺序把各个余数排列起来（把第一个余数作为最低位，最后一个余数作为最高位），即为所求 R 进制的数。

（2）小数部分。

将十进制数的小数部分转换为 R 进制时，一般采用辗转相乘法（基数连乘法，即乘基取整法），即将该十进制数逐次乘以基数 R，然后取乘积的整数部分的方法，具体步骤如下：

① 将给定的十进制数的小数部分乘以 R，记下整数部分并将其作为小数的第一位；

② 把步骤①得到的乘积的小数部分再乘以 R，记下整数部分并将其作为小数的第二位；

③ 重复步骤②，不断取得乘积的整数部分，直到最后乘积为 0 或者达到一定的精度要求；

④ 将各步求得的整数部分转换成 R 进制的数码，并按照和运算过程相同的顺序排列起来，即为所求的 R 进制数。

3）二进制数与八进制数、十六进制数之间的相互转换

八进制数和十六进制数的基数分别为 $8 = 2^3$ 和 $16 = 2^4$，所以 3 位二进制数恰好相当于 1 位八进制数，4 位二进制数相当于 1 位十六进制数，它们之间的相互转换十分方便。

二进制数转换成八进制数的方法是从小数点开始，分别向左、向右，将二进制数按每 3 位一组分组（不足 3 位的补 0），然后写出每一组等值的八进制数。

【例 5.4】 求 $(010111011.101100)_2$ 的等值八进制数。

解：

二进制	010	111	011 .	101	100
八进制	2	7	3 .	5	4

所以 $(010111011.101100)_2 = (273.54)_8$。

二进制数转换成十六进制数的方法和二进制数与八进制数的转换相似，从小数点开始分别向左、向右，将二进制数按每四位一组分组（不足四位补 0），然后写出每一组等值的十六进制数。

【例 5.5】 将 $(011110011010.111)_2$ 转换为十六进制数。

解：

二进制	0111	1001	1010 .	1110
十六进制	7	9	A .	E

所以 $(011110011010.111)_2 = (79A.E)_{16}$。

八进制数、十六进制数转换为二进制数的方法与前面介绍的步骤相反，即只要按原来顺序将每一位八进制数（或十六进制数）用相应的 3 位（或 4 位）二进制数代替即可。

【例 5.6】 分别求出 $(526.47)_8$、$(D3F.5A)_{16}$ 的等值二进制数。

解：

$(526.47)_8$

八进制	5	2	6 .	4	7
二进制	101	010	110 .	100	111

$(D3F.5A)_{16}$

十六进制	D	3	F .	5	A
二进制	1101	0011	1111 .	0101	1010

所以

$$(526.47)_8 = (101010110.100111)_2$$
$$(D3F.5A)_{16} = (110100111111.01011010)_2$$

3. 码制

在数字电路中，常用与二进制数码对应的 0、1 的组合来表示不同的数字、符号或动作，这一过程称为二进制编码。编码的组合称为代码，例如，邮编号 "100080"、电话号码 "88324355"、二进制数 "10100" 等。

1) 带符号二进制数的代码表示

在通常的算术运算中，用"+"表示正数，用"−"表示负数。而在数字系统中，则是将一个数的最高位作为符号位，用"0"表示正数，用"1"表示负数，这种数称为机器数。

常用的机器数有原码、反码和补码三种。

（1）原码。

原码是一种非常直观的编码。用原码表示带符号的二进制数时，符号位用"0"表示正，用"1"表示负，数值位保持不变。

【例 5.7】 已知 $X=(13)_{10}$，$Y=(-11)_{10}$，字长 $n=5$，求 X 和 Y 的原码。

解： $[X]_{原}=01101$，$[Y]_{原}=11011$

采用原码表示带符号的二进制数简单易懂，但实现加、减运算不方便。当两个数进行加、减运算时，需要根据运算种类和参加运算的两个数的符号来确定最终的运算是加法还是减法。若是减法还需要根据两个数的大小确定被减数和减数以及运算结果的符号。这会增加运算的复杂性。

（2）反码。

反码也是计算机中一种常用的编码。反码的编码规律为：正数的符号位用"0"表示，负数的符号位用"1"表示，数值位与符号位相关，正数反码的数值位与原码的数值位相同，而负数反码的数值位是将原码的数值位按位取反。

【例 5.8】 已知 $X=(15)_{10}$，$Y=(-10)_{10}$，字长 $n=5$，求 X 和 Y 的反码。

解： $[X]_{反}=01111$，$[Y]_{反}=10101$

用反码进行加、减运算时，无论是加法还是减法，都可以通过加法实现。其运算规则如下：

$$[X+Y]_{反}=[X]_{反}+[Y]_{反}$$

$$[X-Y]_{反}=[X]_{反}+[-Y]_{反}$$

反码比原码运算方便，可以用加法代替减法，而且符号位不用单独处理，但是采用反码进行运算时，数值 0 在反码系统中有 +0 和 −0 之分，会给运算器的设计带来麻烦。

（3）补码。

补码是计算机中使用最多的一种编码。用补码表示带符号的二进制数时，符号位与原码、反码相同，即用"0"表示正，用"1"表示负；数值位与符号位相关，正数的补码与原码、反码相同；负数的补码是对应的反码在最低位加 1。

【例 5.9】 已知 $X=1001$，$Y=-1001$，字长 $n=5$，求 X 和 Y 的补码。

解： $[X]_{补}=01001$，$[Y]_{补}=10111$

采用补码进行加、减运算时，可将加、减运算通过加法实现，其运算规则如下：

$$[X+Y]_{补}=[X]_{补}+[Y]_{补}$$

$$[X-Y]_{补}=[X]_{补}+[-Y]_{补}$$

表 5.2 列出了 4 位二进制整数的原码、补码、反码的对应关系。

表 5.2　二进制整数真值和原码、反码、补码的对应关系

二进制整数	原　码	反　码	补　码
+0000	0000	0000	0000
+0001	0001	0001	0001
+0010	0010	0010	0010
+0011	0011	0011	0011
+0100	0100	0100	0100
+0101	0101	0101	0101
+0110	0110	0110	0110
+0111	0111	0111	0111
−0000	1000	1111	0000
−0001	1001	1110	1111
−0010	1010	1101	1110
−0011	1011	1100	1101
−0100	1100	1011	1100
−0101	1101	1010	1011
−0110	1110	1001	1010
−0111	1111	1000	1001
−1000	—	—	1000

2）几种常用的编码

数字系统中的信息有两种，一种是数值，另一种是文字符号。相对应地，数字系统中的二进制编码不仅可以表示数值的大小，还可以表示特定的信息。建立二进制代码与十进制数值、字母、符号之间的对应关系称为编码。为了便于记忆和处理，在编制代码时要遵循一定的规则，这些规则叫作码制。数字系统中常用的码制有加权二进制码、不加权二进制码和字符编码等几种。

（1）加权二进制码。

由二进制数转换为十进制数并不是十分简洁明了，而由二进制编码的十进制数转换为十进制数就容易多了。用若干位二进制数来表示 1 位十进制数的方法，统称为十进制数的二进制编码（Binary Coded Decimal），简称 BCD 码。0，1，2，…，9 这10 个数码至少需要 4 位二进制代码来表示，而 4 位二进制代码共有 16 种组合。可以通过多种方法从 16 种组合中选出 10 种来表示 0，1，2，…，9 的编码，而剩下的 6种组合则不会在编码中出现。

加权码是每个数码位都分配了权或值的编码，下面介绍几种常用的加权二进制编码。

① 8421BCD 码。8421BCD 码是最基本、最常用的一种编码方案。在这种编码方式中，每一位二进制代码都代表一个固定的数值，把每一位的 1 代表的十进制数加起来，就可以得到它所代表的十进制数码。由于代码从左到右的每一位的 1 分别

代表 8、4、2 和 1，所以把这种代码叫作 8421 码，其中每一位 1 所代表的十进制数称为这一位的权。

表 5.3 列出了十进制数 0，1，2，…，9 对应的 4 位 BCD 码。需要注意的是，虽然 8421BCD 码的权值与自然二进制码的权值相同，但二者是两种不同的代码，8421 码只取用了 4 位自然二进制代码的前 10 种组合。

表 5.3　常见的几种加权 BCD 码

十进制数	8421 码	2421 码	5211 码
0	0000	0000	0000
1	0001	0001	0001
2	0010	0010	0100
3	0011	0011	0101
4	0100	0100	0111
5	0101	1011	1000
6	0110	1100	1001
7	0111	1101	1100
8	1000	1110	1101
9	1001	1111	1111

② 2421BCD 码。2421BCD 码是另一种有权码，它的各位权值从左到右分别是 2、4、2 和 1。如表 5.3 所示，2421BCD 码取 4 位自然二进制码的前 5 种和后 5 种代码，共 10 种组合。

用 BCD 码表示十进制数时，只要把十进制数的每一位数码分别用 BCD 码表示即可。

【例 5.10】　求 $(418.76)_{10}$ 的 8421BCD 码。

解：

十进制　　　　4　　　1　　　8　　.　　　7　　　6
BCD 码　　0100　0001　1000　.　　0111　0110

由此可得 $(418.76)_{10} = (010000011000.01110110)_{8421BCD}$。

反之，若求 BCD 码代表的十进制数，则需要将 BCD 码以小数点为起点，分别向左、向右每 4 位分成一组（最左和最右端不足 4 位的补 0），再写出每一组代码表示的十进制数，并保持原来的排序。

【例 5.11】　求 $(101010000.10011)_{8421BCD}$ 所表示的十进制数。

解：

BCD　　0001　0101　0000　.　1001　1000
十进制　　1　　　5　　　0　　.　　9　　　8

由此可得 $(101010000.10011)_{8421BCD} = (150.98)_{10}$。

(2) 不加权二进制码。

有些不加权的二进制码，它们的每一位都没有具体的权值，例如余 3 码和格雷码等。

①余 3 码。余 3 码是一种特殊的 BCD 码，它是由 8421BCD 码加 3 后形成的，所以称为余 3 码，如表 5.4 所示。

②格雷码。格雷码又称循环码，是另一种不加权的二进制码，它不属于 BCD 码。格雷码有多种编码形式，它们有一个共同点，就是任意两个相邻的格雷码之间仅有一位不同，其余各位均相同，如表 5.4 所示。

表 5.4　余 3 码和格雷码

十进制数	二进制数	余 3 码	格雷码
0	0000	0011	0000
1	0001	0100	0001
2	0010	0101	0011
3	0011	0110	0010
4	0100	0111	0110
5	0101	1000	0111
6	0110	1001	0101
7	0111	1010	0100
8	1000	1011	1100
9	1001	1100	1101

（3）字符编码。

数字系统中处理的数据除了数字之外，还有字母、标点符号和其他特殊符号，这些符号统称为字符。所有字符在数字系统中必须用二进制代码来表示，称为字符编码。使用最广泛的字符编码是 ASCII 码，即美国标准信息交换代码（American Standard Code for Information Interchange）。ASCII 码用 7 位二进制码表示 128 个不同的数字、字母和符号，使用时加第 8 位作为奇偶校验位，如表 5.5 所示。

表 5.5　美国信息交换标准码（ASCII 码）表

4321 位	765 位							
	000	001	010	011	100	101	110	111
0000	NUL	DLE	SP	0	@	P	、	p
0001	SOH	DC1	!	1	A	Q	a	q
0010	STX	DC2	"	2	B	R	b	r
0011	ETX	DC3	#	3	C	S	c	s
0100	EOT	DC4	$	4	D	T	d	t
0101	ENQ	NAK	%	5	E	U	e	u
0110	ACK	SYN	&	6	F	V	f	v
0111	BEL	ETB	'	7	G	W	g	w
1000	BS	CAN	(	8	H	X	h	x

4321 位	765 位							
	000	001	010	011	100	101	110	111
1001	HT	EM	)	9	I	Y	i	y
1010	LF	SUB	*	:	G	Z	g	z
1011	VT	ESC	+	;	K	[	k	{
1100	FF	FS	,	<	L	]	l	|
1101	CR	GS	-	=	M	\	m	}
1110	SO	RS	.	>	N	^	n	~
1111	SI	VS	/	?	O	_	o	DEL

思考练习

1. 数字电路中为什么采用二进制，也采用十六进制？

2. 十进制数的特点是什么？

3. 将下列十进制数分别转换为二进制数、八进制数、十六进制数。

(1) 25；(2) 56；(3) 43；(4) 78。

课程思政

　　每一门学科的发展史上，都有一些科学家，勇攀科学高峰，突破认知的禁区。二进制的发明、布尔代数的建立、真空三极管（电子管）的发明、数字电子学的诞生、第一台计算机的成功研制，也不例外。通过学习这些技术的发明过程和学科知识的发现过程，激发学生的科学精神。

　　在那被封锁孤立的国际环境中，我国科技人员自力更生、艰苦奋斗，研制成功我国第一台电子计算机。华为 5G SOC 芯片以及"国之重器"超级计算机的成功研发更体现出我国科技工作者的奋斗精神和奉献精神。

任 务 单

一、学习目标

（一）知识目标

（1）熟悉与、或、非三个概念的物理意义；

（2）掌握基本逻辑门电路的逻辑功能、逻辑符号、真值表和逻辑表达式；

（3）掌握逻辑代数的基本运算与逻辑代数定律；

（4）掌握问题的描述方法、逻辑函数的化简方法。

（二）能力目标

能够对逻辑函数进行分析化简。

（三）素质目标

（1）具有团队协作能力；

（2）具有分析问题、解决问题的能力。

二、任务分析

逻辑代数是分析和研究逻辑电路的数学工具，是学习数字电路的基础。在逻辑电路中，其基本单元是逻辑门，那么这些逻辑门是如何实现其逻辑功能的呢？它们的主要参数如何去测试呢？

（一）逻辑运算

（1）掌握基本逻辑运算和几种常用的逻辑运算；

（2）掌握基本逻辑运算和几种常用的逻辑运算对应的逻辑门；

（3）掌握逻辑代数运算公式和定律。

（二）逻辑函数的表示及化简

（1）了解逻辑函数的定义及其表示方法；

（2）掌握如何化简逻辑函数。

三、总结反思

（1）想一想你学到了哪些新知识；

（2）想一想你掌握了哪些新技能；

（3）你对自己在本任务中的表现满意吗？写出课后反思。

知识储备

逻辑代数又称为布尔代数，它是由英国数学家乔治·布尔（George Boole）在1849年首先提出并应用于描述客观事物逻辑关系的数学方法。由于逻辑代数首先应用于电话继电器开关电路，所以它有时也称为开关代数。

一、逻辑运算

1. 基本逻辑运算

逻辑代数是按一定的逻辑关系进行运算的代数，是分析和设计数字电路的数学工具。逻辑代数中的变量一般用字母 A，B，C…表示。每个变量只取"0"或"1"两种情况，即变量不是取"0"，就是取"1"，没有第三种情况。它相当于信号的有或无，电平的高或低，电路的导通或截止。逻辑代数的基本运算类型有三种：与、或、非。

1) 与逻辑和与运算

与逻辑表示的逻辑关系为：只有当决定某一事件结果的所有条件同时具备时，结果才可能发生。在图 5.2 所示开关串联电路中，开关 A、B 的状态（闭合或断开）与灯 Y 的状态（亮和灭）存在着确定的因果关系。只有在开关 A 和 B 同时闭合的条件下，灯 Y 才会亮，其中任何一个开关断开，灯都不亮，这种因果关系称为与逻辑。

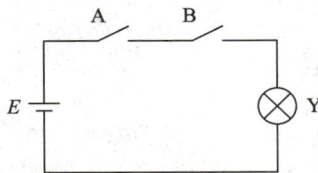

图 5.2　与逻辑电路图

与逻辑可用真值表、逻辑表达式和图形符号来描述。

（1）真值表。

所谓真值表，就是将输入变量的所有可能的取值组合与其输出变量的取值一一对应列出的表格形式，是描述逻辑电路功能的一种重要形式。真值表由两部分组成：左边一栏列出输入变量的所有取值组合。n 个输入变量共有 2^n 种取值，不同变量取值，一般按二进制数递增的顺序列出。右边一栏列出相应的输出变量的值。如果将开关 A、B 的状态用变量 A、B 来表示，闭合记为 1，断开记为 0，灯 Y 的状态用输入变量 Y 来表示，亮记为 1，灭记为 0，则灯 Y 与开关 A、B 的与逻辑关系可用表 5.6 所示的真值表来描述。

表 5.6　与逻辑真值表

A	B	Y
0	0	0
0	1	0
1	0	0
1	1	1

（2）与逻辑表达式。

与逻辑用逻辑表达式可以表示为

$$Y = A \cdot B \tag{5-1}$$

在逻辑代数中，将与逻辑称为与运算或逻辑乘。符号"·"表示逻辑乘，读作"与"，在不致混淆的情况下，常省去"·"。在有些文献中，也采用 $\wedge$、$\cap$ 和 $\&$ 等符号来表示逻辑乘。

与逻辑的运算规则如下：

$$0 \cdot 0 = 0, \quad 0 \cdot 1 = 0, \quad 1 \cdot 0 = 0, \quad 1 \cdot 1 = 1$$

由此可以推出含有逻辑变量的与逻辑的一般形式如下：

$$A \cdot 0 = 0, \quad A \cdot 1 = A, \quad A \cdot A = A$$

（3）与逻辑图形符号。

能实现与逻辑运算的电路称为与门，与门的图形符号如图 5.3 所示。

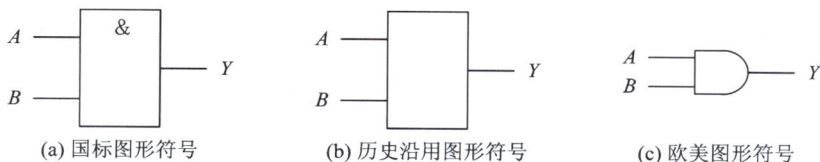

| (a) 国标图形符号 | (b) 历史沿用图形符号 | (c) 欧美图形符号 |

图 5.3　与逻辑图形符号

2）或逻辑和或运算

或逻辑表示的逻辑关系为：决定某一事件结果的所有条件中，只要有一个或几个条件具备，结果就会发生。例如图 5.4 所示的电路中，开关 A 和开关 B 中有一个闭合或两个都闭合时，灯 Y 都会亮，只有两个都断开，灯才不亮，这种因果关系称为或逻辑。或逻辑的描述方法如下。

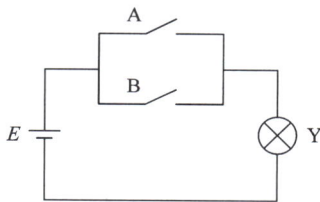

图 5.4　或逻辑电路图

（1）真值表。

设输入变量 A、B 分别表示开关 A、B 的状态，输出变量 Y 表示灯 Y 的状态，则灯 Y 和开关 A 和 B 的或逻辑关系可用表 5.7 所示的真值表来描述。

表 5.7　或逻辑真值表

A	B	Y
0	0	0
0	1	1
1	0	1
1	1	1

（2）或逻辑表达式。

或逻辑用逻辑表达式可以表示为

$$Y = A + B \tag{5-2}$$

在逻辑代数中，或逻辑称为或运算或逻辑加，符号"＋"表示逻辑加，读作"或"。

或逻辑的运算规则如下：

$$0+0=0, \quad 0+1=1, \quad 1+0=1, \quad 1+1=1$$

由此可以推出含有逻辑变量的或逻辑的一般形式如下：

$$A+0=A, \quad A+1=1, \quad A+A=A$$

要特别注意，或逻辑的运算和二进制加法的规则是不同的。

（3）或逻辑图形符号。

能实现或逻辑运算的电路称为或门，或门的图形符号如图5.5所示。

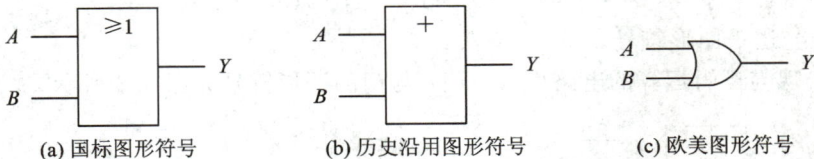

(a) 国标图形符号　　　　(b) 历史沿用图形符号　　　　(c) 欧美图形符号

图 5.5　或逻辑图形符号

3）非逻辑和非运算

非逻辑表示的逻辑关系为：当条件具备时，结果不会发生；而条件不具备时，结果就会发生。在图5.6所示的电路中，当开关A断开时，灯Y才会亮；而当开关A闭合时，灯Y不亮，这种因果关系称为非逻辑。非逻辑的描述方法如下。

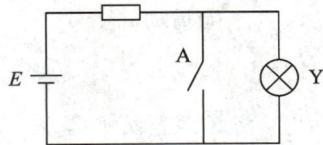

图 5.6　非逻辑电路图

（1）真值表。

灯Y的状态（用变量Y表示）总是与开关A的状态（用变量A表示）相反，则灯Y与开关A的非逻辑关系的真值表如表5.8所示。

表 5.8　非逻辑真值表

A	Y
0	1
1	0

（2）非逻辑表达式。

非逻辑用逻辑表达式可以表示为

$$Y = \overline{A} \tag{5-3}$$

符号"‾"表示"逻辑非"或"非逻辑"，读作"非"。

非逻辑的运算规则如下：

$$\overline{0}=1, \quad \overline{1}=0$$

含有逻辑变量的非逻辑的一般形式如下：

$$\overline{\overline{A}}=A, \quad \overline{A}+A=1, \quad \overline{A} \cdot A=0, \quad A+A=A$$

（3）非逻辑图形符号。

能实现非逻辑运算的电路称为非门，非门的图形符号如图5.7所示。由于非门的输出信号和输入信号相反，因此，"非门"又称为"反相器"。

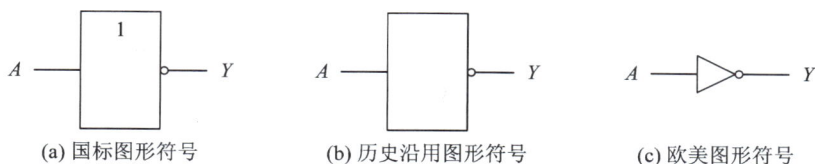

(a) 国标图形符号　　　　(b) 历史沿用图形符号　　　　(c) 欧美图形符号

图 5.7　非逻辑图形符号

2. 复合逻辑运算

与门、或门、非门三种基本电路可以组合起来，实现功能更为复杂的逻辑门。常见的有与非门、或非门、与或门、与或非门、异或门、同或门等，这些门电路又称复合门电路，它们完成的运算称为复合逻辑运算。

1）与非逻辑和与非逻辑运算

与非逻辑运算是由与逻辑和非逻辑两种逻辑运算复合而成的一种复合逻辑运算，实现与非逻辑运算的电路称与非门，二输入与非门的图形符号如图 5.8 所示，其真值表见表 5.9。

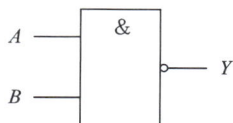

图 5.8　与非门的图形符号

表 5.9　与非逻辑真值表

A	B	Y
0	0	1
0	1	1
1	0	1
1	1	0

与非逻辑的逻辑表达式为

$$Y = \overline{A \cdot B} \tag{5-4}$$

由表 5.9 可见，只要输入变量 A、B 中有一个为 0，输出 Y 就为 1；只有输入变量 A、B 全为 1，输出 Y 才为 0。与非逻辑可概括为"有 0 出 1，全 1 出 0"。

2）或非逻辑和或非逻辑运算

或非逻辑运算是由或逻辑和非逻辑两种逻辑运算复合而成的一种复合逻辑运算，实现或非逻辑运算的电路称为或非门，二输入或非门的图形符号如图 5.9 所示，其真值表略，逻辑表达式为

$$Y = \overline{A + B} \tag{5-5}$$

只要输入变量 A、B 中有一个为 1，输出 Y 就为 0；只有输入变量 A、B 全为 0，输出 Y 为 1。或非逻辑可概括为"有 1 出 0，全 0 出 1"。

3）与或非逻辑和与或非逻辑运算

与或非逻辑运算是由与逻辑、或逻辑和非逻辑三种逻辑运算复合而成的一种复合逻辑加运算，与或非门的图形符号如图 5.10 所示，其逻辑表达式为

$$Y = \overline{AB + CD} \tag{5-6}$$

由式（5-6）可知，只要输入变量 AB 和 CD 中的任何一组全为 1，输出 Y 就为 0；而 AB 和 CD 每组输入中只要有一个为 0，输出 Y 就为 1。

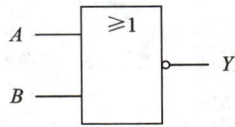

图 5.9　或非门的图形符号　　　图 5.10　与或非门的图形符号

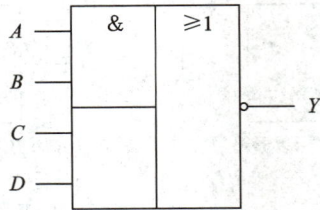

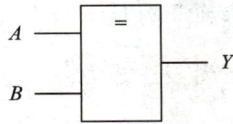

4）异或逻辑和异或逻辑运算

异或逻辑关系为 $Y=A\overline{B}+\overline{A}B$。实现这种逻辑运算的电路称为异或门电路，其图形符号如图 5.11 所示，功能特点是只有当 A、B 相异时，输出 Y 才为 1；当 A、B 相同时，输出为 0。异或逻辑可概括为"相同出 0，相异出 1"。其逻辑表达式为

$$Y=A\oplus B \tag{5-7}$$

其中，符号"$\oplus$"表示异或运算。

5）同或逻辑和同或逻辑运算

同或逻辑关系为 $Y=AB+\overline{AB}$。其图形符号如图 5.12 所示，功能特点是只有当 A、B 相同时，输出 Y 才为 1；当 A、B 相异时，输出 Y 为 0。同或逻辑可概括为"相异出 0，相同出 1"。其逻辑表达式为

$$Y=A\odot B \tag{5-8}$$

其中，符号"$\odot$"表示同或运算。

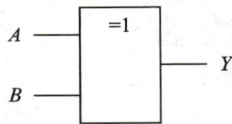

图5.11　异或门的图形符号　　　图5.12　同或门的图形符号

值得注意的是，在一个逻辑函数中，常含有几种基本逻辑运算，在实现这些运算时要遵照一定的顺序进行。逻辑运算的先后顺序规定如下：有括号时，先进行括号内的运算；没有括号时，按先与后或的顺序进行运算。

二、逻辑函数的表示及化简

1. 逻辑函数的表示

1）逻辑函数

对于任何一个逻辑问题，如果把引起事件的条件作为输入逻辑变量，把事件的结果作为输出逻辑变量，则该问题的因果关系是一种函数关系，可用逻辑函数来描述。

一般地，若输入变量 A，B，C… 的取值确定后，输出变量 Y 的值也被唯一确定，则称 Y 是 A，B，C… 的逻辑函数，记为 $Y=F(A，B，C…)$。

2）逻辑函数的表示

同一个逻辑函数可以用逻辑真值表（简称真值表）、逻辑函数式和逻辑图等方法

来表示。下面举一个实例来说明逻辑函数的建立过程及其表示方法。

图 5.13 所示为楼道照明开关电路，两个单刀双掷开关 A、B 分别安装在楼上和楼下。上楼时先在楼下开灯，上楼后再关灯；下楼先在楼上开灯，下楼后再关灯。设用输入变量 A、B 分别表示开关 A、B 的工作状态，用 0 表示开关下拨，1 表示开关上拨；用输出变量 Y 表示灯 Y 的状态，以 0 表示灯灭，1 表示灯亮，则灯 Y 是开关 A、B 的逻辑函数，即 $Y = F(A, B)$。

（1）真值表。真值表表示逻辑函数，能直观、明了地反映变量取值和逻辑函数值之间的关系。把一个实际逻辑问题抽象成数学问题时，使用真值表最方便。图 5.13 的真值表如表 5.10 所示。

（2）逻辑函数式。逻辑函数式是用与、或、非等运算表示输出函数与输入变量之间逻辑关系的代数式。

表 5.10　图 5.13 的真值表

A	B	Y
0	0	1
0	1	0
1	0	0
1	1	1

逻辑函数式书写简洁、方便，便于利用逻辑代数的公式和定律进行运算和变换。

由真值表求逻辑函数式的方法：将每一组使输出函数值为 1 的输入变量写成一个与项，在这些与项中，取值为 1 的变量写成原变量，取值为 0 的变量写成反变量，将这些与项相加，就得到了逻辑函数式。

由表 5.10 求得逻辑函数式为

$$Y = AB + \overline{A}\,\overline{B} \tag{5-9}$$

（3）逻辑图。逻辑图是用图形符号表示逻辑函数中各变量之间的逻辑关系的电路图。

逻辑图中的图形符号与实际的电路器件有着明显的对应关系，所以逻辑图比较接近工程实际。

将逻辑函数式（见式(5-9)）中的各逻辑运算用相应的图形符号代替，即可得到图 5.14 所示的逻辑图。

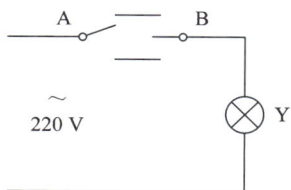

图 5.13　楼道照明开关电路

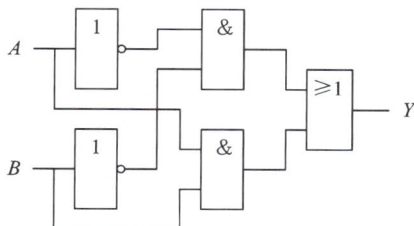

图 5.14　逻辑图

2. 逻辑函数的化简

逻辑代数与普通代数相似，也有相应的运算公式、定律和基本规则，掌握这些内容可以对一些复杂的逻辑函数进行化简。

在逻辑代数的公式与定律中，除常量与常量之间的运算外，还有交换律、结合律、分配律、吸收律、德·摩根定律等。其中交换律和结合律以及分配律的第一种形式与普通代数一样，其余定律则完全不同于普通代数，要认真加以区别。这些定律中，德·摩根定律最为常用。

1）逻辑代数的基本定律

逻辑代数的基本定律是化简和变换逻辑函数以及分析和设计逻辑电路的基本工具。常用的基本定律如表 5.11 所示。

表 5.11　逻辑代数的基本定律

0-1律	$0 \cdot 0 = 1$	$0 + 0 = 0$	$\overline{0} = 1$
	$0 \cdot 1 = 0$	$0 + 1 = 1$	$\overline{1} = 0$
	$1 \cdot 1 = 1$	$1 + 1 = 1$	
	$0 \cdot A = 0$	$0 + A = A$	
	$1 \cdot A = A$	$1 + A = 1$	
重叠律	$A \cdot A = A$	$A + A = A$	
互补律	$A \cdot \overline{A} = 0$	$A + \overline{A} = 1$	
还原律	$\overline{\overline{A}} = A$		
交换律	$A \cdot B = B \cdot A$	$A + B = B + A$	
结合律	$(A \cdot B) \cdot C = A \cdot (B \cdot C)$	$(A + B) + C = A + (B + C)$	
分配率	$A \cdot (B + C) = A \cdot B + A \cdot C$	$A + B \cdot C = (A + B) \cdot (A + C)$	
反演律（德·摩根定律）	$\overline{A \cdot B} = \overline{A} + \overline{B}$	$\overline{A + B} = \overline{A} \cdot \overline{B}$	
吸收律	$A + A \cdot B = A$	$A \cdot B + A \cdot \overline{B} = A$	$A + \overline{A} \cdot B = A + B$
	$AB + \overline{A}C + BC = AB + \overline{A}C$	$AB + \overline{A}C + BC = AB + \overline{A}C$	

表 5.11 中所列的基本定律均可以证明。例如，证明吸收律 $AB + \overline{A}C + BC = AB + \overline{A}C$，证明如下：

$$
\begin{aligned}
AB + \overline{A}C + BC &= AB + \overline{A}C + BC(A + \overline{A}) \\
&= AB + \overline{A}C + ABC + \overline{A}BC \\
&= AB(1 + C) + \overline{A}C(1 + B) \\
&= AB + \overline{A}C
\end{aligned}
$$

2）逻辑函数的代数法化简

同一逻辑函数逻辑功能确定，但其表达式并不是唯一的。逻辑函数表达式主要有 5 种形式，例如：

$$
\begin{aligned}
Y &= AB + \overline{A}C & \text{（与或式）} \\
&= (A + C)(\overline{A} + B) & \text{（或与式）} \\
&= \overline{\overline{AB} \cdot \overline{\overline{A}C}} & \text{（与非 — 与非式）} \\
&= \overline{\overline{A + C} + \overline{\overline{A} + B}} & \text{（或非 — 或非式）} \\
&= \overline{\overline{AB} + \overline{\overline{A}C}} & \text{（与或非式）}
\end{aligned}
$$

逻辑表达式越简单，实现的逻辑电路也越简单，从而可以节约器件，降低成本，提高系统的工作速度和可靠性。因此，在设计逻辑电路时，化简逻辑函数是必要的。

与或式容易与其他形式的表达式进行相互变换，所以一般将逻辑函数化简成最简与或式。最简与或式的标准：与项个数最少；每个与项中的变量数最少。这样才能保证逻辑电路中所需门电路的个数以及门电路输入端的个数最少。

代数法化简就是利用逻辑代数基本定律和公式对逻辑函数进行化简。代数法又称公式化简法。常用的代数法有并项法、吸收法、消去法和配项法。

（1）并项法。利用公式 $A \cdot B + A \cdot \overline{B} = A$，将两项合并成一项，并消去一个变量。

（2）吸收法。利用公式 $A + A \cdot B = A$ 和 $AB + \overline{A}C + BC = AB + \overline{A}C$ 吸收多余项。

（3）消去法。利用公式 $A + \overline{A} \cdot B = A + B$ 消去多余因子 $\overline{A}$。

（4）配项法。利用公式 $A + A = A$ 重复写入某一项 A 或利用公式 $A + \overline{A} = 1$ 将某一项乘以 $(A + \overline{A})$。

在实际化简中，往往需要综合利用上述几种方法，才能得到最简结果。

代数法化简逻辑函数的优点是适合任何复杂的逻辑函数化简，且对逻辑函数的变量数无限制。它的缺点是要求灵活运用逻辑代数基本定律，化简时需要一定的化简技巧，而且不易判断化简结果是否最简、最合理。卡诺图法化简简单、直观，当变量数较少时，化简逻辑函数十分方便。

3）逻辑函数的卡诺图化简法

（1）逻辑函数的最小项表达式。

① 最小项的定义。在逻辑函数中，如果一个乘积项包含了逻辑函数的所有变量，且每个变量在该乘积项中仅以原变量或以反变量的形式出现一次，则该乘积项称为该逻辑函数的一个最小项。例如，两变量逻辑函数 $Y = F(A, B)$ 有 4 个最小项：$\overline{A}\,\overline{B}$、$\overline{A}B$、$A\overline{B}$、$AB$；三变量逻辑函数 $Y = F(A, B, C)$ 有 8 个最小项，如表 5.12 所示。通常，一个 n 变量的逻辑函数，共有 2^n 个最小项。

表 5.12　三变量最小项及其编号

A	B	C	最小项	编号
0	0	0	$\overline{A}\,\overline{B}\,\overline{C}$	m_0
0	0	1	$\overline{A}\,\overline{B}C$	m_1
0	1	0	$\overline{A}B\,\overline{C}$	m_2
0	1	1	$\overline{A}BC$	m_3
1	0	0	$A\,\overline{B}\,\overline{C}$	m_4
1	0	1	$A\,\overline{B}C$	m_5
1	1	0	$AB\,\overline{C}$	m_6
1	1	1	ABC	m_7

② 最小项的编号。为了叙述和书写方便，通常对最小项加以编号。编号方法是将最小项中的原变量用 1 表示，反变量用 0 表示，得到的二进制数所对应的十进制

数，就是该最小项的编号，记为 m_i，其中下标 i 即为最小项的编号。例如，三变量 A、B、C 的最小项 $\overline{A}BC$，其变量取值为 011，对应的十进制数为 3，所以把 $\overline{A}BC$ 记为 m_3。三变量最小项编号如表 5.12 所示。

③ 最小项表达式。若一个逻辑函数与或式中所有的乘积项均为最小项，则该与或式称为逻辑函数的最小项表达式，又称标准与或式。任何一个逻辑函数均可表示为唯一的最小项表达式。

【例 5.12】 将逻辑函数 $Y(A,B,C)=AB+BC$ 展开成为最小项表达式。

解：

$$
\begin{aligned}
Y(A,B,C) &= AB + BC \\
&= AB(C+\overline{C}) + BC(A+\overline{A}) \\
&= ABC + AB\overline{C} + \overline{A}BC
\end{aligned}
$$

或者

$$
Y(A,B,C) = m_3 + m_6 + m_7 = \sum_m (3,6,7)
$$

（2）逻辑函数的卡诺图表示。

① 卡诺图及其画法。卡诺图就是按照相邻性规则排列而成的最小项方格图。它是由美国工程师卡诺首先提出的，最小项是组成卡诺图的基本单元，卡诺图中每个小方格对应一个最小项。

卡诺图排列规则是：n 变量的卡诺图有 2^n 个小方格；卡诺图中变量取值的排列符合相邻性原则，即逻辑相邻的最小项也呈几何相邻。

逻辑相邻是指如果两个最小项中只有一个变量不同，其余变量都相同，那么这两个最小项逻辑相邻，称为逻辑相邻项。例如，三变量最小项 $\overline{A}BC$ 和 ABC 是逻辑相邻项。

几何相邻是指卡诺图中在排列位置上处于相接（紧挨着）、相对（任一行或任一列的两头）、相重（将卡诺图对折起来位置重合）的那些最小项。

二变量卡诺图如图 5.15 所示。二变量 A、B，共有 $2^2=4$ 个最小项，分别记为 m_0、m_1、m_2、m_3，故二变量卡诺图应有 4 个小方格，每个小方格都对应一个最小项。

三变量卡诺图如图 5.16 所示。三变量 A、B、C，共有 $2^3=8$ 个小方格，每个小方格都对应一个最小项。为使变量取值满足相邻性原则，B、C 变量取值按 00、01、11、10 的顺序排列，即卡诺图中变量取值顺序是按照循环码排列的。图中，每个小方格表示一个最小项，各最小项用编号表示。同理，可得四变量卡诺图，如图 5.17 所示。

A＼B	0	1
0	m_0	m_1
1	m_2	m_3

图 5.15 二变量卡诺图

A＼BC	00	01	11	10
0	m_0	m_1	m_3	m_2
1	m_4	m_5	m_7	m_6

图 5.16 三变量卡诺图

AB＼CD	00	01	11	10
00	m_0	m_1	m_3	m_2
01	m_4	m_5	m_7	m_6
11	m_{12}	m_{13}	m_{15}	m_{14}
10	m_8	m_9	m_{11}	m_{10}

图 5.17 四变量卡诺图

② 逻辑函数的卡诺图表示。用卡诺图表示逻辑函数的方法是：先根据逻辑函数的变量数画出变量卡诺图；再在卡诺图上将函数中各最小项对应的小方格内填入 1，其余的小方格填入 0 或不填。

【例 5.13】 画出逻辑函数 $Y(A,B,C,D)=\sum_m(0,1,12,13,15)$ 的卡诺图。

解：（1）画出四变量 A、B、C、D 的卡诺图。

（2）在逻辑函数 Y 的最小项 m_0、m_1、m_{12}、m_{13}、m_{15} 对应的小方格填 1，其余不填。逻辑函数 Y 的卡诺图如图 5.18 所示。

AB\\CD	00	01	11	10
00	1	1		
01				
11	1	1	1	
10				

图 5.18　例 5.13 逻辑函数的卡诺图

【例 5.14】 用卡诺图表示逻辑函数 $Y=A\overline{D}+\overline{\overline{AB}(C+\overline{BD})}$。

解：先将逻辑函数化为与或式，即

$$Y=A\overline{D}+AB+B\overline{C}D$$

然后画出四变量的卡诺图，最后根据与或式直接填图。

与项 $A\overline{D}$ 对应最小项：同时满足 $A=0$，$D=1$ 的方格所对应的项。$A=0$ 对应的方格在第一和第二行内，$D=1$ 对应的方格在第二和第三列内，行和列相交的方格即为 $A\overline{D}$ 对应的 4 个最小项，在这 4 个方格中填 1。

与项 AB 对应最小项：同时满足 $A=1$，$B=1$ 的方格所对应的项，即为第三行内的 4 个方格填 1。

与项 $B\overline{C}D$ 对应最小项：同时满足 $B=1$，$C=0$，$D=1$ 的方格所对应的项。$B=1$ 对应的方格在第二和第三行内，$CD=01$ 对应的方格在第二列内，行和列相交的方格即为 $B\overline{C}D$ 对应的 2 个最小项，在这 2 个方格中填 1。函数 Y 的卡诺图如图 5.19 所示。

AB\\CD	00	01	11	10
00		1	1	
01		1	1	
11	1	1	1	1
10				

图 5.19　例 5.14 逻辑函数的卡诺图

（3）逻辑函数的卡诺图化简。

逻辑函数的卡诺图化简就是在逻辑函数卡诺图中，合并相邻最小项。合并相邻最小项的规律如下：

① 2 个相邻最小项合并成一项，消去 1 个变量，保留 2 个最小项的公因子，如图 5.20 所示。

② 4 个相邻最小项合并成一项，消去 2 个变量，保留 4 个最小项的公因子，如图 5.21 所示。

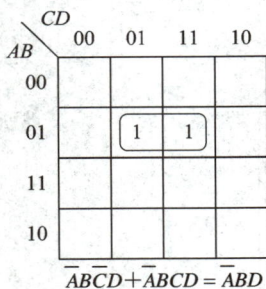

$$\overline{A}\overline{B}\overline{C}D + \overline{A}BCD = \overline{A}BD$$

图 5.20　2 个相邻最小项合并

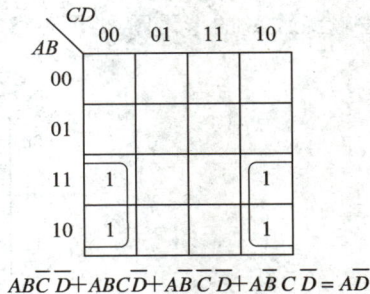

$$ABC\overline{D} + AB\overline{C}\overline{D} + A\overline{B}\,\overline{C}\,D + A\overline{B}\,C\,\overline{D} = A\overline{D}$$

图 5.21　4 个相邻最小项合并

③ 8 个相邻最小项合并成一项，消去 3 个变量，保留 8 个最小项的公因子，如图 5.22 所示。

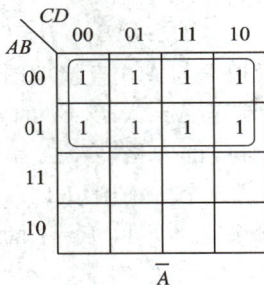

$$\overline{A}$$

图 5.22　8 个相邻最小项合并

一般来说，2 个相邻最小项合并成一项，消去 n 个变量，合并后的结果为 2^n 个最小项的公因子。

利用卡诺图化简逻辑函数一般可分三步进行。

① 画出逻辑函数的卡诺图。

② 画合并圈，合并相邻最小项。

画合并圈的原则是：每个圈包含 2^n 个相邻的数字为 1 的方格；圈要尽可能大；圈数要尽可能少；每个圈至少有一个 1 从未被其他圈圈过；圈完所有的数字为 1 的方格。

③ 由合并圈写出最简与或式。

方法：写出每个合并圈对应的与项（圈内各最小项的公因子），然后把所得到的各与项相加。

【例 5.15】用卡诺图化简逻辑函数 $Y(A,B,C,D) = \sum_m(0,2,4,5,6,7,9,15)$。

解：（1）画出逻辑函数 Y 的卡诺图，如图 5.23 所示。

（2）画出合并圈，合并相邻最小项。

（3）写出最简与或式，即

$$Y = A\,\overline{B}\,\overline{C}D + \overline{A}\,\overline{D} + \overline{A}B + BCD$$

【例 5.16】　用卡诺图化简逻辑函数 $Y = \overline{A}\overline{B}CD + \overline{A}B\,\overline{C}D + A\,\overline{C}D + ABC + BD$。

解：（1）画出逻辑函数 Y 的卡诺图，如图 5.24 所示。

（2）画出合并圈，合并相邻最小项。

（3）写出最简与或式，即

$$Y = \overline{A}B\,\overline{C} + A\,\overline{C}D + ABC + \overline{A}CD$$

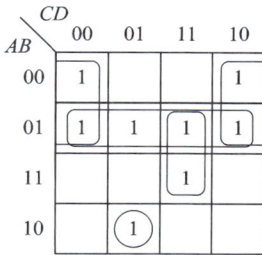

图 5.23　例 5.15 逻辑函数的卡诺图　　图 5.24　例 5.16 逻辑函数的卡诺图

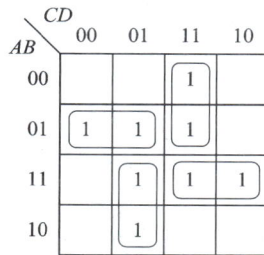

3. 组合逻辑电路的设计

组合逻辑电路的设计就是根据实际问题的逻辑功能要求，求出能实现该逻辑功能的简单而又可靠的逻辑电路。设计步骤如下：

（1）分析设计要求，列出真值表。实际问题的逻辑功能要求最初总是以文字形式来描述的，设计者必须对这些描述进行逻辑抽象，这是设计组合逻辑电路的关键。

① 设定变量。把引起事件的原因定为输入变量，把事件的结果作为输出变量。

② 状态赋值。依据输入、输出变量的状态进行逻辑赋值，即确定输入、输出变量的哪种状态用逻辑 0 表示，哪种状态用逻辑 1 表示。

③ 列出真值表。

（2）根据真值表，写出逻辑函数表达式。

（3）选定器件类型，化简或变换逻辑函数。

① 用小规模集成门电路设计时，用代数法或卡诺图法将逻辑函数化简为最简与或式，根据对门电路类型的要求，将最简与或式变换为与门电路类型相适应的最简式。

② 用中规模集成组合逻辑器件设计时，应把逻辑函数表达式变换成与所用器件的逻辑表达式相同或类似的形式。

（4）根据化简或变换后的逻辑表达式，画出逻辑图。

【例 5.17】　在一个射击游戏中，射手可打三枪，一枪打鸟，一枪打鸡，还有一枪打兔子，规则是命中不少于两枪者获奖，请设计一个判别获奖的电路，且用与非门实现。

解：(1) 分析设计要求，列出真值表。设一枪打鸟、一枪打鸡、一枪打兔子分别用输入变量 A、B、C 表示，1 表示枪命中，0 表示没有命中；用输出变量 Y 表示判别结果，1 表示得奖，0 表示不得奖。由此可列出表 5.13 所示的真值表。图 5.25 所示为例 5.17 的卡诺图。

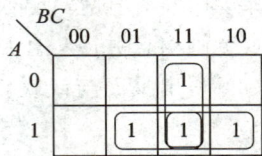

图 5.25　例 5.17 的卡诺图

表 5.13　例 5.17 的真值表

输入			输出
A	B	C	Y
0	0	0	0
0	0	1	0
0	1	0	0
0	1	1	1
1	0	0	0
1	0	1	1
1	1	0	1
1	1	1	1

(2) 根据真值表，写出逻辑函数表达式。由表 5.13 可得逻辑函数表达式为

$$Y = \overline{A}BC + A\overline{B}C + AB\overline{C} + ABC$$

(3) 化简或变换逻辑函数。由图 5.25 所示卡诺图化简得到最简与或式为

$$Y = AB + AC + BC$$

将上式变换成与非表达式为

$$Y = \overline{\overline{AB} \cdot \overline{AC} \cdot \overline{BC}}$$

(4) 画出逻辑图。根据上式画出图 5.26 所示的逻辑图。

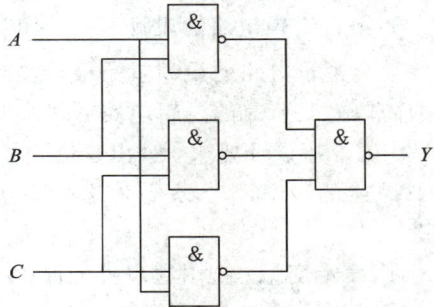

图 5.26　例 5.17 的逻辑图

思考练习

1. 某印刷裁纸机，只有操作工人的左右手同时按下开关 A 与 B 时，才能进行裁纸操作，试用逻辑门实现该控制。

2. 试设计一逻辑电路，其信号 A 可以控制信号 B，使输出 Y 根据需要为 $Y=B$ 或 $Y=\overline{B}$。

3. 将逻辑函数 $Y=AB+AC$ 展开为最小项表达式。

4. 某发电厂的抽水站有三台水泵，要求有两台或三台水泵工作时，发出正常信号，否则不发出正常信号，试设计一个能发出正常信号的逻辑电路，并用与非门实现。

任务三　常用组合逻辑电路的应用

任　务　单

一、学习目标

（一）知识目标

（1）掌握常用中规模组合逻辑电路的逻辑功能；

（2）掌握常用中规模组合逻辑电路的分析和测试方法；

（3）掌握常用中规模组合逻辑电路的典型应用方法。

（二）能力目标

（1）能识读常用中规模组合逻辑电路的逻辑功能和引脚排列图；

（2）会分析和测试常用中规模组合逻辑电路的逻辑功能；

（3）会常用中规模组合逻辑电路的使用方法和典型应用。

（三）素质目标

（1）具有团队协作能力；

（2）具有分析问题、解决问题的能力。

二、任务分析

　　数码显示电路的应用很广泛，在生活中随处都能见到它的身影，例如比赛的积分器、计时器等。为了正确使用数码显示电路及判断其状态好坏，必须掌握数码显示电路及常用中规模组合逻辑电路，如编码器、译码器、数据选择器等。

（一）编码器

（1）理解普通编码器的原理及其真值表。

（2）理解优先编码器的原理及其真值表。

（二）译码器

（1）掌握二进制译码器74LS138的原理及如何实现简单逻辑函数功能。

（2）学习显示译码器的原理。尝试设计一个七段数码显示电路。

（三）数据选择器

（1）理解数据选择器的基本原理；

（2）能用数据选择器实现简单逻辑函数功能。

三、总结反思

（1）想一想你学到了哪些新知识；

（2）想一想你掌握了哪些新技能；

（3）你对自己在本任务中的表现满意吗？写出课后反思。

知识储备

数码显示器是数码显示电路的末级电路，它用来将输入的数码还原成数字。数码显示器有许多类型，所用的场所也不相同。

一、编码器

将具有特定意义的信息（如数字、文字、符号等）编成相应二进制代码的过程，称为编码。例如，十进制数 12 可用二进制代码 1100B 表示，也可用 8421 码 0001 0010 表示。又如，计算机键盘上面的每个键都对应着一个代码，一旦按下某个键，计算机内部的编码电路就将该键的电平信号转换成对应的代码。

n 位二进制代码有 2^n 个状态，可以表示 2^n 个信息。如果需要编码的信息数量为 N，则所需的二进制代码的位数 n 应满足关系 $2^n \geqslant N$。

实现编码操作的逻辑电路称为编码器。按编码方式不同，编码器有普通编码器和优先编码器两类；按输出代码不同，编码器有二进制编码器和二–十进制编码器两类。

1. 普通编码器

普通编码器的功能是任何时刻只允许对一个输入信号进行编码。此时输入信号是相互排斥的，故普通编码器又称互斥输入的编码器。

普通 n 位二进制编码器可用 n 位二进制代码来表示 2^n 个输入信号，又称 2^n 线–n 线编码器。普通二–十进制编码器可用 BCD 码来表示 10 个输入信号，又称 10 线–4 线编码器。

普通 3 位二进制编码器的原理框图如图 5.27 所示。$I_0 \sim I_7$ 为 8 个信号输入端，假设输入信号高电平有效（表示有编码请求）；Y_0、Y_1、Y_2 为 3 个代码输出端，输出 3 位二进制代码，故该编码器又称 8 线–3 线编码器。在实际应用时，可以把 8 个按钮或开关作为 8 个输入控制端，而把 3 个输出组合分别作为对应 8 个输入状态的代码。

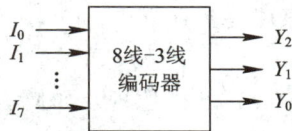

图 5.27 普通 3 位二进制编码器的原理框图

当某个输入为 1，其余输入为 0 时，就输出与该输入相对应的代码。例如，当输入 $I_1 = 1$ 时，其余输入为 0，用输出 $Y_2 Y_1 Y_0 = 001$ 表示与 I_1 相对应的代码。该编码器在任何时刻只能对一个输入信号进行编码，不允许有两个或两个以上的输入信号同时请求编码，即 $I_0 \sim I_7$ 这 8 个端的输入信号是互斥的。普通 3 位二进制编码器的真值表如表 5.14 所示。

表 5.14　普通 3 位二进制编码器真值表

输　入								输　出		
I_0	I_1	I_2	I_3	I_4	I_5	I_6	I_7	Y_2	Y_1	Y_0
1	0	0	0	0	0	0	0	0	0	0
0	1	0	0	0	0	0	0	0	0	1
0	0	1	0	0	0	0	0	0	1	0
0	0	0	1	0	0	0	0	0	1	1
0	0	0	0	1	0	0	0	1	0	0
0	0	0	0	0	1	0	0	1	0	1
0	0	0	0	0	0	1	0	1	1	0
0	0	0	0	0	0	0	1	1	1	1

2. 优先编码器

在数字系统，特别是计算机系统中，常需要对若干个工作对象进行控制，如打印机、键盘、磁盘驱动器等。当几个部件同时发出服务请求时，就要求主机必须根据轻重缓急，按预先规定好的顺序允许其中的一个进行操作，即执行操作存在优先级。优先编码器可以识别信号的优先级并对其进行编码。

优先编码器的功能是允许几个输入端同时有输入信号，按输入信号排定的优先顺序，只对其中优先级最高的一个输入信号进行编码。在优先编码器中，优先级高的输入信号排斥优先级低的。

8 线-3 线优先编码器 74LS148 的逻辑功能示意图和引脚图如图 5.28 所示。

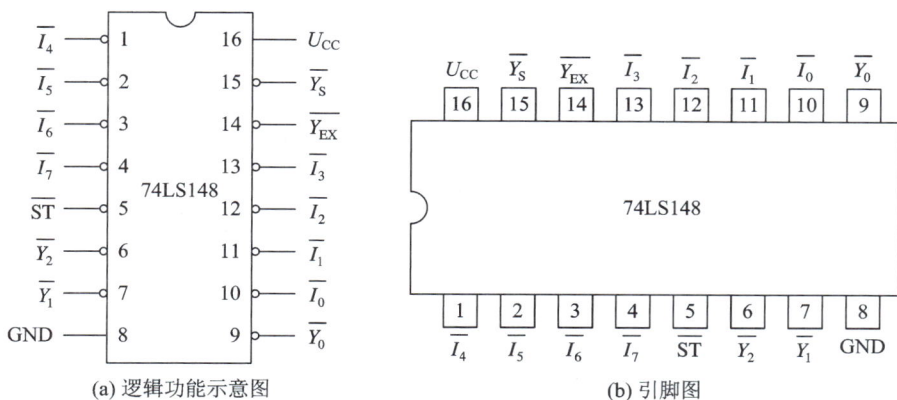

图 5.28　74LS148 编码器的原理框图

图 5.28 中，8 个编码输入端为 $I_0 \sim I_7$，（输入信号低电平有效，表示有编码请求），优先级从 $\overline{I_7} \sim \overline{I_0}$ 依次降低；3 个编码输出端为 $\overline{Y_2}$、$\overline{Y_1}$、$\overline{Y_0}$。（输出信号低电平有效，输出 3 位二进制反码）。为了扩展编码器的功能，74LS148 增设了 3 个辅助控制端，即输入端增加了选通输入端 $\overline{ST}$，输出端增加了选通输出端 $\overline{Y_S}$，扩展输出端 $\overline{Y_{EX}}$。8 线-3 线优先编码器 74LS148 的功能表如表 5.15 所示。

表 5.15　8 线–3 线优先编码器 74LS148 的功能表

输　入									输　出				
ST	$\overline{I_0}$	$\overline{I_1}$	$\overline{I_2}$	$\overline{I_3}$	$\overline{I_4}$	$\overline{I_5}$	$\overline{I_6}$	$\overline{I_7}$	$\overline{Y_2}$	$\overline{Y_1}$	$\overline{Y_0}$	$\overline{Y_S}$	$\overline{Y_{EX}}$
1	x	x	x	x	x	x	x	x	1	1	1	1	1
0	1	1	1	1	1	1	1	1	1	1	1	0	1
	x	x	x	x	x	x	x	0	0	0	0	1	0
	x	x	x	x	x	x	0	1	0	0	1	1	0
	x	x	x	x	x	0	1	1	0	1	0	1	0
	x	x	x	x	0	1	1	1	0	1	1	1	0
	x	x	x	0	1	1	1	1	1	0	0	1	0
	x	x	0	1	1	1	1	1	1	0	1	1	0
	x	0	1	1	1	1	1	1	1	1	0	1	0
	0	1	1	1	1	1	1	1	1	1	1	1	0

（1）选通输入端 $\overline{ST}$，又称使能端或片选端，低电平有效。当 $\overline{ST}=1$ 时，禁止 74LS148 工作，所有的输出端均被锁定在高电平，没有代码输出。当 $\overline{ST}=0$ 时，允许 74LS148 工作，对输入信号进行编码。例如，当 $\overline{I_7}=\overline{I_6}=1$，$\overline{I_5}=0$ 时，不管其他输入端 $\overline{I_4}\sim\overline{I_0}$ 为何值（0 或 1，表 5.15 中以 x 表示），只对 $\overline{I_5}$ 进行编码，其被编码为 010，为反码，其原码为 101。

（2）选通输出端 $\overline{Y_S}$。当 $\overline{ST}=0$，且 $\overline{I_7}\sim\overline{I_0}$ 均为 1（无编码输入）时，$\overline{Y_S}=0$。因此 $\overline{Y_S}=0$ 表示"电路工作，但无信号输入"。当两片 74LS148 串接使用时，只要将高位片的 $\overline{Y_S}$ 和低位片的 $\overline{ST}$ 相连，就可在高位片无信号输入的情况下，启动低位片工作，从而实现两片 74LS148 的优先级控制。

（3）扩展输出端 $\overline{Y_{EX}}$。它是输出代码的有效码标志，即 $\overline{Y_{EX}}=0$ 表示输出为有效码；$\overline{Y_{EX}}=1$ 表示输出为无效码。因此，$\overline{Y_{EX}}=0$ 表示"电路工作，且有信号输入"。在多片 74LS148 串联使用时，可作为输出位的扩展。

利用辅助控制端（选通输入端 $\overline{ST}$、选通输出端 $\overline{Y_S}$、扩展输出端 $\overline{Y_{EX}}$）可实现编码器功能扩展。

二、译码器

译码是编码的逆过程。编码是将具有特定意义的信息编成二进制代码，译码则是将表示特定意义信息的二进制代码翻译出来。实现译码功能的逻辑电路称为译码器。译码器是数字系统和计算机中常用的一种逻辑电路。例如，计算机中需要将指令的操作码翻译成各种操作命令，存储器的地址译码系统要使用地址译码器，LED 显示器需要使用七段显示译码器等。

常用的译码器有二进制译码器、二–十进制译码器和显示译码器。

1. 二进制译码器

将二进制代码翻译成对应输出信号的电路，称为二进制译码器。若输入为 n 位二进制代码，则称 n 位二进制译码器，它有 2^n 个输出端，又称 n 线- 2^n 线译码器。

1）3 位二进制译码器

3 位二进制译码器 74LS138 又称 3 线-8 线译码器，其逻辑功能示意图如图 5.29 所示。3 个代码输入端分别为 A_2、A_1、A_0（输入 3 位二进制代码）；8 个译码输出端为 $Y_0 \sim Y_7$（译码输出低电平有效）；3 个使能端（又称片选输入端）分别为 ST_A、$\overline{ST_B}$、$\overline{ST_C}$。74LS138 的功能表如表 5.16 所示。

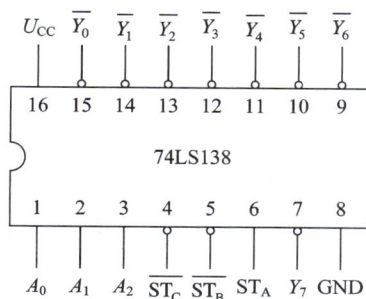

图 5.29　3 线-8 线译码器 74LS138

表 5.16　3 线-8 线译码器 74LS138 的功能表

输　　入					输　　出							
ST_A	$\overline{ST_B}+\overline{ST_C}$	A_2	A_1	A_0	$\overline{Y_0}$	$\overline{Y_1}$	$\overline{Y_2}$	$\overline{Y_3}$	$\overline{Y_4}$	$\overline{Y_5}$	$\overline{Y_6}$	$\overline{Y_7}$
x	1	x	x	x	1	1	1	1	1	1	1	1
0	x	x	x	x	1	1	1	1	1	1	1	1
1	0	0	0	0	0	1	1	1	1	1	1	1
		0	0	1	1	0	1	1	1	1	1	1
		0	1	0	1	1	0	1	1	1	1	1
		0	1	1	1	1	1	0	1	1	1	1
		1	0	0	1	1	1	1	0	1	1	1
		1	0	1	1	1	1	1	1	0	1	1
		1	1	0	1	1	1	1	1	1	0	1
		1	1	1	1	1	1	1	1	1	1	0

由表 5.16 可知，3 线-8 线译码器 74LS138 具有如下逻辑功能。

（1）当 $\overline{ST_A}=0$ 或 $\overline{ST_B}+\overline{ST_C}=1$ 时，译码器禁止译码，输出 $\overline{Y_0} \sim \overline{Y_7}$ 均为 1，与输入 A_0 的取值无关。

（2）当 $\overline{ST_A}=1$ 且 $\overline{ST_B}+\overline{ST_C}=0$ 时，译码器进行译码，译码输出低电平有效。译码器输出 $\overline{Y_0} \sim \overline{Y_7}$，由输入 A_2、A_1、A_0 决定，对于任一组输入二进制代码，输出 $\overline{Y_0} \sim \overline{Y_7}$ 中只有一个与该代码对应的输出为 0，其余输出均为 1。

根据表 5.16 可得出 74LS138 的输出逻辑函数式为

$$\begin{cases} \overline{Y_0} = \overline{\overline{A_1}\,\overline{A_2}\,\overline{A_0}} = \overline{m_0}, \quad \overline{Y_1} = \overline{\overline{A_1}\,\overline{A_2}A_0} = \overline{m_1} \\ \overline{Y_2} = \overline{\overline{A_1}A_2\,\overline{A_0}} = \overline{m_2}, \quad \overline{Y_3} = \overline{\overline{A_1}A_2A_0} = \overline{m_3} \\ \overline{Y_4} = \overline{A_1\overline{A_2}\,\overline{A_0}} = \overline{m_4}, \quad \overline{Y_5} = \overline{A_1\overline{A_2}A_0} = \overline{m_5} \\ \overline{Y_6} = \overline{A_1A_2\overline{A_0}} = \overline{m_6}, \quad \overline{Y_7} = \overline{A_1A_2A_0} = \overline{m_7} \end{cases} \tag{5-10}$$

由式(5−10)可以看出，$\overline{Y_0}\sim\overline{Y_7}$ 又是 A_2、A_1、A_0 这三个变量的全部最小项(m_i)的译码输出，所以二进制译码器又称最小项译码器或变量译码器。

2) 二进制译码器的应用

n 位二进制译码器的输出为 n 个输入变量的全部 2^n 个最小项，即每个输出对应输入变量的一个最小项。而任何一个逻辑函数都可以变换为最小项表达式，所以用 n 位二进制译码器和附加门电路可以产生任何 n 变量的组合逻辑函数，即二进制译码器可作为逻辑函数发生器。

用二进制译码器构成逻辑函数发生器要注意两点：

(1) 所选的二进制译码器的代码输入变量个数应与要实现的逻辑函数的变量数相等。

(2) 当译码输出低电平有效时，应附加与非门；当译码输出高电平有效时，应附加或门。

【例 5.18】 试用译码器和门电路实现逻辑函数 $Y = AB + AC + BC$ 的功能。

解：(1) 根据逻辑函数的变量个数选择译码器。通常将译码器的代码输入变量作为函数的输入变量，由于逻辑函数 Y 中有 A、B、C 三个变量，故应选用 3 线−8 线译码器 74LS138，译码输出低电平有效。74LS138 译码器在正常工作时，使能端 $\text{ST}_A = 1$，$\overline{\text{ST}_B} = \overline{\text{ST}_C} = 0$。

(2) 写出逻辑函数的最小项表达式，即

$$Y = AB + AC + BC = \overline{A}BC + A\overline{B}C + AB\overline{C} + ABC$$

$$= m_3 + m_5 + m_6 + m_7 = \overline{\overline{m_3}\cdot\overline{m_5}\cdot\overline{m_6}\cdot\overline{m_7}} \tag{5-11}$$

(3) 将逻辑函数 Y 和 74LS138 输出逻辑函数式进行比较。令 74LS138 的代码输入 $A_2 = A$、$A_1 = B$、$A_0 = C$，将式(5−10)和式(5−11)进行比较后得到

$$Y = \overline{\overline{Y_3}\cdot\overline{Y_5}\cdot\overline{Y_6}\cdot\overline{Y_7}} \tag{5-12}$$

(4) 根据式(5−12)画出逻辑图。

2. 二−十进制译码器

将输入的二−十进制代码(BCD 码)翻译成 10 个对应输出信号的电路，称为二−十进制译码器。它有 4 个输入端和 10 个输出端，又称 4 线−10 线译码器。

4 线−10 线译码器 74LS42 的逻辑功能示意图和引脚图如图 5.30 所示。

图 5.30 中，4 个代码输入端为 $A_3 \sim A_0$(输入 8421 码)，10 个译码输出端为 $\overline{Y_0}\sim\overline{Y_9}$(译码输出低电平有效)。在 8421 码中，代码 1010~1111 这 6 种状态没有使用，即它们不属于 8421 码，故称为伪码。4 线−10 线译码器 74LS42 的功能表如表 5.17 所示。

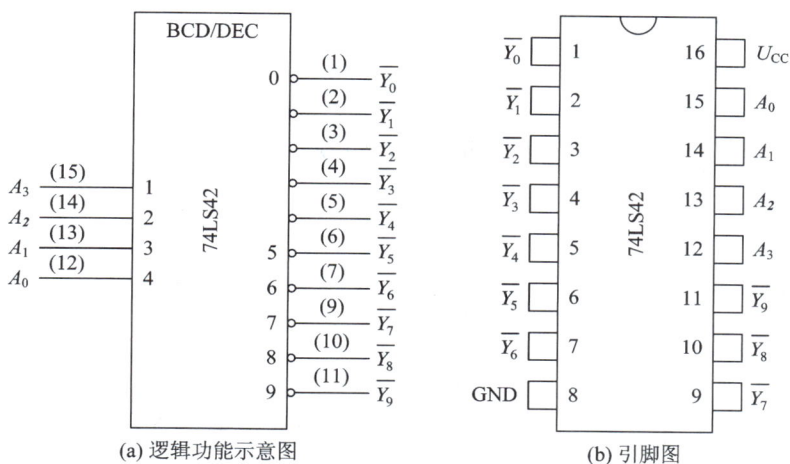

(a) 逻辑功能示意图　　　　　(b) 引脚图

图 5.30　4 线－10 线译码器 74LS42

表 5.17　4 线－10 线译码器 74LS42 的功能表

十进制数	输入				输出									
	A_3	A_2	A_1	A_0	$\overline{Y_0}$	$\overline{Y_1}$	$\overline{Y_2}$	$\overline{Y_3}$	$\overline{Y_4}$	$\overline{Y_5}$	$\overline{Y_6}$	$\overline{Y_7}$	$\overline{Y_8}$	$\overline{Y_9}$
0	0	0	0	0	0	1	1	1	1	1	1	1	1	1
1	0	0	0	1	1	0	1	1	1	1	1	1	1	1
2	0	0	1	0	1	1	0	1	1	1	1	1	1	1
3	0	0	1	1	1	1	1	0	1	1	1	1	1	1
4	0	1	0	0	1	1	1	1	0	1	1	1	1	1
5	0	1	0	1	1	1	1	1	1	0	1	1	1	1
6	0	1	1	0	1	1	1	1	1	1	0	1	1	1
7	0	1	1	1	1	1	1	1	1	1	1	0	1	1
8	1	0	0	0	1	1	1	1	1	1	1	1	0	1
9	1	0	0	1	1	1	1	1	1	1	1	1	1	0
伪码	1	0	1	0	1	1	1	1	1	1	1	1	1	1
	1	0	1	1	1	1	1	1	1	1	1	1	1	1
	1	1	0	0	1	1	1	1	1	1	1	1	1	1
	1	1	0	1	1	1	1	1	1	1	1	1	1	1
	1	1	1	0	1	1	1	1	1	1	1	1	1	1
	1	1	1	1	1	1	1	1	1	1	1	1	1	1

由表 5.17 可知，当输入 0000～1001(8421 码)时，每组输入代码均有唯一的一个相应输出端输出有效电平。当输入伪码 1010～1111 时，译码器输出 $\overline{Y_0}$～$\overline{Y_9}$ 均为高电平(无效电平)，译码器拒绝译码，电路不会产生错误译码，所以该电路具有拒绝伪码输入的功能。

3. 显示译码器

在数字系统中，常需要通过数码显示电路将数字量用十进制数码直观地显示出来。一方面，便于直接读取测量和运算的结果；另一方面，便于监视系统的工作情况。数码显示电路由显示译码器和显示器组成。下面分别介绍显示器和显示译码器。

1）七段字符显示器

七段字符显示器又称七段数码管，这种字符显示器由七段可发光的字段组合而成，利用字段的不同组合分别显示0～9，如图5.31所示。

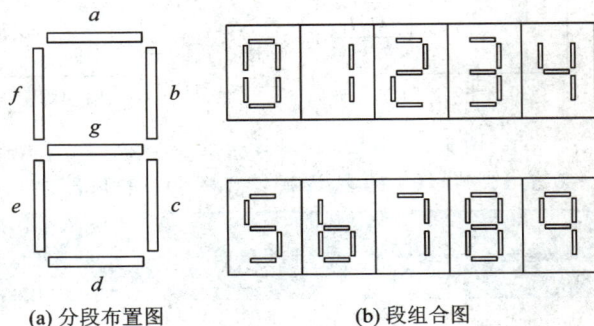

(a) 分段布置图　　　　　　(b) 段组合图

图 5.31　七段字符显示器发光段组合图

常见的七段字符显示器有半导体数码显示器和液晶显示器（LCD）。半导体数码显示器将要显示的字形分为七段，每段为一个发光二极管（LED），利用不同发光段组合显示不同的字形，故又称 LED 数码管。LED 数码管有共阴极和共阳极两类，其引脚图和内部接线图如图5.32所示，其中 $a\sim g$ 用于显示10个数字0～9，DP 用于显示小数点。

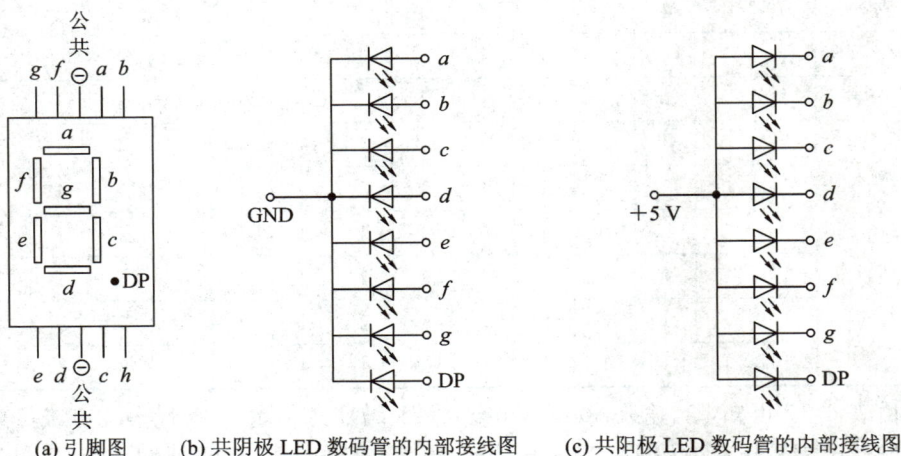

(a) 引脚图　　(b) 共阴极 LED 数码管的内部接线图　　(c) 共阳极 LED 数码管的内部接线图

图 5.32　LED 数码管

由图5.32(b)、(c)可知，共阴极 LED 数码管的各 LED 的阴极相连，在使用时，通常将阴极接地。阳极输入为高电平点亮，由输出为高电平有效的译码器（如

74LS48）来驱动。共阳极 LED 数码管的各 LED 的阳极相连，在使用时，通常将阳极接电源。阴极输入为低电平点亮，由输出为低电平有效的译码器（如 74LS47）来驱动。工作时一般应注意串联合适的限流电阻。

2）七段显示译码器

显示译码器主要由译码器和驱动器两部分组成，通常二者集成在一块芯片上。显示译码器的功能是将输入的 BCD 码转换成相应的输出信号，来驱动七段 LED 数码管显示 0～9。七段显示译码器 74LS47 如图 5.33 所示。

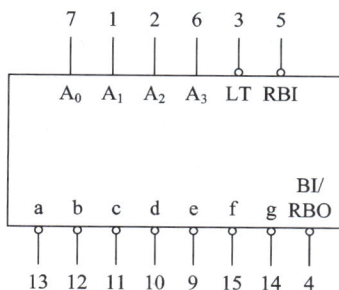

图 5.33　七段显示译码器/驱动器 74LS47

在图 5.33 中，4 线代码输入 $A_3 \sim A_0$（输入 8421 码）；七段译码输出 $\overline{Y_a} \sim \overline{Y_g}$（译码输出低电平有效）为七段 LED 数码管提供驱动信号，可以驱动共阳极 LED 数码管。三个辅助控制端：试灯输入端 $\overline{\text{LT}}$、灭零输入端 $\overline{\text{RBI}}$ 和灭灯输入端/灭零输出端 $\overline{\text{BI/RBO}}$。74LS47 的功能表如表 5.18 所示。

表 5.18　七段显示译码器/驱动器 74LS47 的功能表

功能或数字	输　入						BI/RBO	输　出						
	LT	RBI	A_3	A_2	A_1	A_0		$\overline{Y_a}$	$\overline{Y_b}$	$\overline{Y_c}$	$\overline{Y_d}$	$\overline{Y_e}$	$\overline{Y_f}$	$\overline{Y_g}$
试灯	0	x	x	x	x	x	1	0	0	0	0	0	0	0
灭灯	x	x	x	x	x	x	0（输入）	1	1	1	1	1	1	1
灭零	1	0	0	0	0	0	0	1	1	1	1	1	1	1
0	1	1	0	0	0	0	1	0	0	0	0	0	0	1
1	1	x	0	0	0	1	1	1	0	0	1	1	1	1
2	1	x	0	0	1	0	1	0	0	1	0	0	1	0
3	1	x	0	0	1	1	1	0	0	0	0	1	1	0
4	1	x	0	1	0	0	1	1	0	0	1	1	0	0
5	1	x	0	1	0	1	1	0	1	0	0	1	0	0
6	1	x	0	1	1	0	1	1	1	0	0	0	0	0
7	1	x	0	1	1	1	1	0	0	0	1	1	1	1
8	1	x	1	0	0	0	1	0	0	0	0	0	0	0
9	1	x	1	0	0	1	1	0	0	0	0	1	1	0

结合表 5.18，说明 74LS47 的逻辑功能。

（1）试灯功能。当 $\overline{LT}=0$，$\overline{BI}/\overline{RBO}=1$ 时，输出 $\overline{Y_a}\sim\overline{Y_g}$ 均为 0，LED 数码管七段全亮，显示 8，此时可以测试 LED 数码管有无损坏。

（2）灭灯（消隐）功能。只要 $\overline{BI}=0$，无论输入 A_3、A_2、A_1、A_0 为何种电平，$\overline{Y_a}\sim\overline{Y_g}$ 均为 1，LED 数码管各段熄灭（此时 $\overline{BI}/\overline{RBO}$ 为输入端）。

（3）灭零功能。设置灭零输入端 $\overline{RBI}$ 的目的是把不希望显示的零熄灭掉。例如，对于数据 0018.90，若将前后多余的零熄灭，只显示 18.9，则显示结果更加醒目。在 $\overline{LT}=1$ 的前提下，只要 $\overline{RBI}=0$ 且输入 $A_3A_2A_1A_0=0000$，灭零输出端 $\overline{RBO}=0$，$\overline{Y_a}\sim\overline{Y_g}$ 均为 1，数码管就可使本来应显示的 0 熄灭。因此，灭零输出端 $\overline{RBO}=0$ 表示译码器处于灭零状态，该端主要用于显示多位数时多个译码器之间的连接。

（4）数码显示功能。当 $\overline{LT}=1$，$\overline{BI}/\overline{RBO}=1$ 时，若输入 8421 码，则译码输出 $\overline{Y_a}\sim\overline{Y_g}$ 上产生相应的驱动信号，使 LED 数码管显示 0~9。

三、数据选择器

根据地址输入（又称选择输入）信号从多路输入数据中选取其中一路数据作为输出的逻辑电路，称为数据选择器，又称多路开关。数据选择器一般有 n 个地址输入端、2^n 个数据输入端，根据输入数据的路数不同，有 2 选 1、4 选 1、8 选 1 数据选择器等。

1. 4 选 1 数据选择器

4 选 1 数据选择器的功能示意图如图 5.34 所示。该数据选择器有 4 个数据输入端 D_3、D_2、D_1、D_0，1 个数据输出端 Y，2 个地址输入端 A_1、A_0。

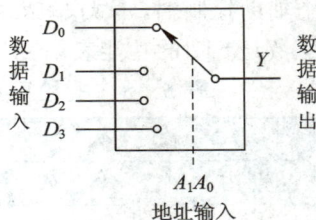

图 5.34　4 选 1 数据选择器功能示意图

由表 5.19 可以看出，当两位地址输入代码 A_1A_0 分别为 00、01、10、11 时，可从 4 路输入数据 $D_0\sim D_3$ 中选择对应的一路输入数据送到输出端，如当输入地址代码 $A_1A_0=01$ 时，选择将输入数据 D_1 送到输出端，即 $Y=D_1$。

表 5.19　4 选 1 数据选择器真值表

地址输入		数据输入				数据输出
A_1	A_0	D_3	D_2	D_1	D_0	Y
0	0	x	x	x	D_0	D_0
0	1	x	x	D_1	x	D_1
1	0	x	D_2	x	x	D_2
1	1	D_3	x	x	x	D_3

2. 8 选 1 数据选择器 74LS151

74LS151 是 8 选 1 数据选择器，其逻辑功能示意图和引脚图如图 5.35 所示。

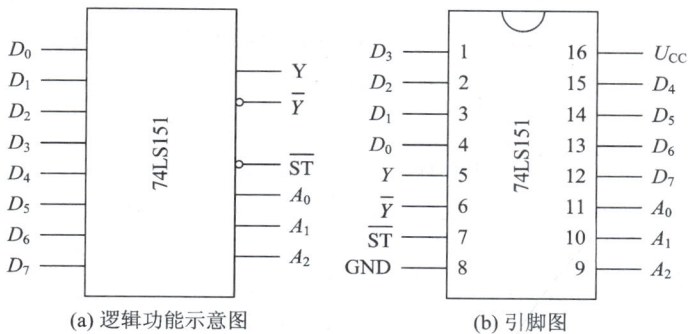

(a) 逻辑功能示意图　　　　(b) 引脚图

图 5.35　8 选 1 数据选择器 74LS151

由图 5.35 可以看出，该数据选择器有 8 个数据输入端 $D_0 \sim D_7$，3 个地址输入端 A_2、A_1、A_0，2 个互补的输出端 Y 和 $\overline{Y}$，1 个使能端 $\overline{ST}$（低电平有效）。8 选 1 数据选择器 74LS151 的功能表如表 5.20 所示。

表 5.20　8 选 1 数据选择器 74LS151 功能表

使能输入	地址输入			数据输出
$\overline{ST}$	A_2	A_1	A_0	Y
1	x	x	x	0
0	0	0	0	D_0
	0	0	1	D_1
	0	1	0	D_2
	0	1	1	D_3
	1	0	0	D_4
	1	0	1	D_5
	1	1	0	D_6
	1	1	1	D_7

由表 5.20 可见，当 $\overline{ST}=1$ 时，输出 $Y=0$，输入数据被封锁；当 $\overline{ST}=0$ 时，数据选择器选通输出，输出逻辑函数式为

$$Y = (\overline{A_2}\,\overline{A_1}\,\overline{A_0})D_0 + (\overline{A_2}\,\overline{A_1}A_0)D_1 + (\overline{A_2}A_1\,\overline{A_0})D_2 + (\overline{A_2}A_1A_0)D_3 +$$
$$(A_2\,\overline{A_1}\,\overline{A_0})D_4 + (A_2\,\overline{A_1}A_0)D_5 + (A_2A_1\,\overline{A_0})D_6 + (A_2A_1A_0)D_7 \quad (5-13)$$

或　　$Y = m_0D_0 + m_1D_1 + m_2D_2 + m_3D_3 + m_4D_4 + m_5D_5 + m_6D_6 + m_7D_7$

3. 数据选择器的应用

2^n 选 1 数据选择器的输出逻辑函数一般表达式为

$$Y = \sum_{i=0}^{2^n-1} m_iD_i \quad (\overline{ST}=0)$$

数据选择器在输入数据全部为 1 时，输出为地址变量全部最小项之和，而任何组合逻辑函数都可以写成最小项表达式，因此，可借助数据选择器实现组合逻辑函

数的功能，构成函数发生器。

【例 5.19】 试用数据选择器实现逻辑函数 $Y = A\overline{B} + \overline{A}C + A\overline{B}C$ 的功能。

解：（1）选择数据选择器。由于逻辑函数 Y 中有 A、B、C 三个变量，所以选用 8 选 1 数据选择器 74LS151。74LS151 输出逻辑函数式为

$$Y' = (\overline{A_2}\ \overline{A_1}\ \overline{A_0})D_0 + (\overline{A_2}\ \overline{A_1}A_0)D_1 + (\overline{A_2}A_1\ \overline{A_0})D_2 + (\overline{A_2}A_1A_0)D_3 +$$
$$(A_2\ \overline{A_1}\ \overline{A_0})D_4 + (A_2\ \overline{A_1}A_0)D_6 + (A_2A_1\ \overline{A_0})D_7 + (A_2A_1A_0)D_7 \quad (5-14)$$

（2）写出逻辑函数 Y 的最小项表达式，即

$$Y = A\overline{B} + \overline{A}C + A\overline{B}C$$
$$= A\overline{B}(\overline{C} + C) + \overline{A}C(B + \overline{B}) + \overline{A}BC$$
$$= \overline{A}BC + \overline{A}BC + \overline{A}\overline{B}C + A\overline{B}C$$

（3）比较 Y 和 Y' 两式中最小项对应关系。设 $Y = Y'$，数据选择器的地址输入为

$$A_2 = A, \quad A_1 = B, \quad A_0 = C \quad (5-15)$$

Y' 中若包含 Y 的最小项，则数据输入为 1；若不包含 Y 的最小项，则数据输入为 0，由此将数据选择器数据输入端赋值为

$$D_0 = D_2 = D_6 = D_7 = 0, \quad D_1 = D_3 = D_4 = D_5 = 1 \quad (5-16)$$

（4）画逻辑图（见图 5.36）。

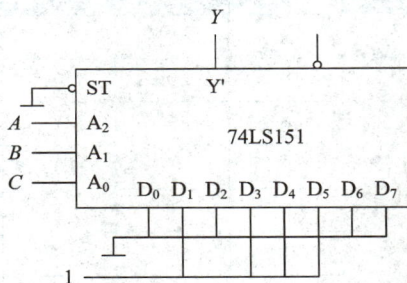

图 5.36　例 5.19 逻辑图

思考练习

1. 编码器按编码方式不同可分为＿＿＿＿＿＿＿编码器和＿＿＿＿＿＿＿编码器两类。

2. 3 位二进制编码器有＿＿＿＿＿＿＿个编码信号输入端、＿＿＿＿＿＿＿个代码输出端，又称＿＿＿＿＿＿＿线-＿＿＿＿＿＿＿线编码器。

3. 3 位二进制译码器有＿＿＿＿＿＿＿个代码输入端、＿＿＿＿＿＿＿个译码输出端，又称＿＿＿＿＿＿＿线-＿＿＿＿＿＿＿线译码器。

4. n 个输入端的二进制译码器共有＿＿＿＿＿＿＿个最小项输出。

5. 二-十进制译码器有＿＿＿＿＿＿＿个输入端、＿＿＿＿＿＿＿个输出端，又称＿＿＿＿＿＿＿线-＿＿＿＿＿＿＿线译码器。

6. 显示译码器的功能是将输入的＿＿＿＿＿＿＿代码转换成相应的输出信号，来驱动＿＿＿＿＿＿＿显示 0～9 十个数字。

7. 8 选 1 数据选择器有＿＿＿＿＿＿＿个地址输入端，可选择＿＿＿＿＿＿＿个数据源。

实训一　集成与非门 74LS20 的应用与测试

1. 实训设备

（1）直流稳压电源（±5V）1 台；

（2）双踪示波器 1 台；

（3）直流数字电压表 1 块；

（4）直流数字电流表 1 块；

（5）逻辑电平开关 1 块；

（6）连续脉冲源 1 台；

（7）74LS20，1 kΩ、10 kΩ 电位器，240 Ω 电阻各 1 只。

2. 实训内容

在电路板合适的位置选取一个 14 脚插座，按定位标记插好 74LS20 集成块。

1）验证 TTL 集成与非门 74LS20 的逻辑功能

本实验只对 74LS20 中的一个门的逻辑功能进行测试。按图 5.37 所示电路接线，即 74LS20 的 14 脚接 +5 V 直流稳压电源，7 脚接地，其输入端 1、2、4、5 脚则分别接至 16 位开关电平输出中的任意 4 个插口，将输出 6 脚接至 16 位逻辑电平输入的任意一个插口。打开电源开关，并将 16 位开关电平输出的开关分别按逻辑电平置于 74LS20 的输入端，观察逻辑电平显示器中所显示的逻辑电平，记入表5.21 中。

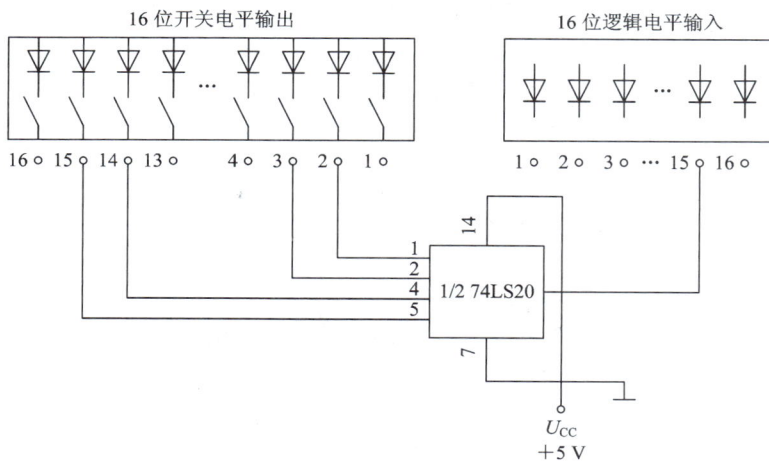

图 5.37　与非门逻辑功能测试电路

表 5.21　74LS20 逻辑功能测试值

输入	A	1	0	1	1	1
	B	1	1	0	1	1
	C	1	1	1	0	1
	D	1	1	1	1	0
输出	F					

分别按图 5.38 和图 5.39(a)连接，将直流数字电流表置于 2mA 档，直流数字电压表置 20V 档并接入线路，读出测量结果且记入表 5.22 中。

表 5.22　74LS20 主要参数测量值

I_{CCL}/mA	I_{CCH}/mA	I_{iL}/mA	I_{oL}/mA	U_{No}/V

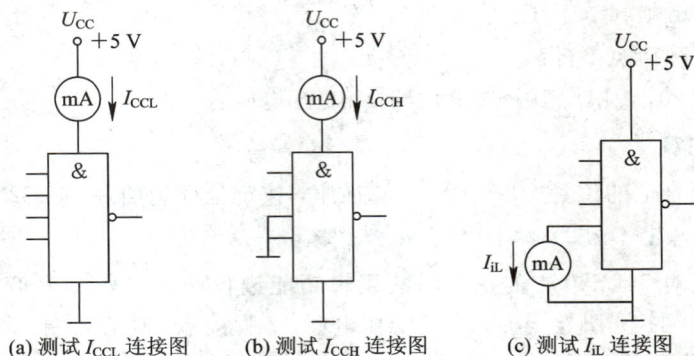

(a) 测试 I_{CCL} 连接图　　(b) 测试 I_{CCH} 连接图　　(c) 测试 I_{iL} 连接图

图 5.38　测试连接图

按图 5.39(b)连接线路，调节电位器 R_p，使 U_i 从低向高电平变化，用直流数字电压表逐点测量 U_i 和 U_o 对应值，记入表 5.23 中。

表 5.23　电压传输特性测量值

U_i/V	0	0.2	0.4	0.6	0.8	1.0	1.5	2.0	2.5	3.0	3.5	4.0	…
U_o/V													

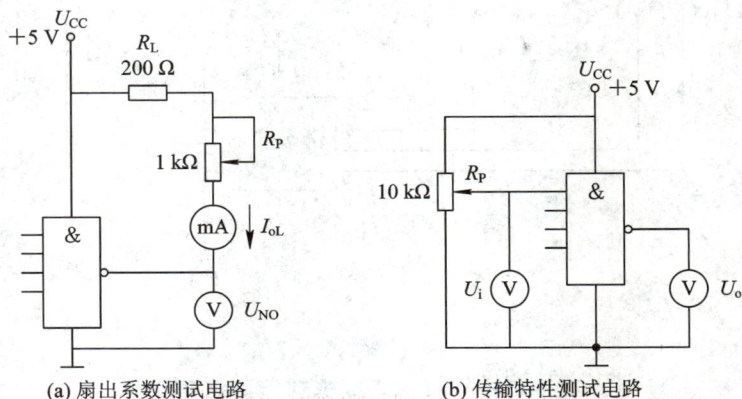

(a) 扇出系数测试电路　　　　　(b) 传输特性测试电路

图 5.39　电压传输特性测试电路

3）观察与非门对脉冲的控制作用

按图 5.40 连接电路，将 74LS20 中任意一个输入端接在连续脉冲源的输出端，并设置其频率 $f=1$ kHz，将另外两个输入端连接在一起，并接入开关电平输出插口，分别置逻辑"1"和逻辑"0"且用示波器观察两种情况的输出波形，并记录下来。

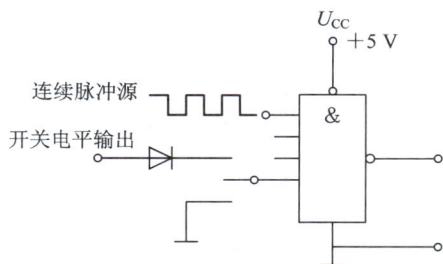

图 5.40

实训二　数码显示电路的制作与测试

请完成数码显示电路的制作，测试其逻辑功能。

1. 实训设备。

数字逻辑实验箱、数字万用表。

2. 请根据表 5.24 领取所需要的器材。

表 5.24　数码显示电路所需器材

序号	器材名称	领取数量
1	数字逻辑实验箱	1 只
2	数字万用表	1 只
3	导线	若干

3. 查找数码显示器原理图。

4. 画出 74LS148、74LS04 的引脚图，并识别相应引脚编号和引脚功能。

5. 设计表格并测试数码显示器逻辑功能。

项目六 | 触发器及其应用

项目描述

前面介绍的各种门电路及其组合逻辑电路的输出状态仅由当前的输入状态决定，而与电路原来的状态无关，即它们不具有记忆功能。但是一个复杂的数字系统，要连续进行复杂的运算和控制，就必须在运算和控制过程中暂时保存一定的代码，因此需要具有记忆功能的时序逻辑电路。时序逻辑电路的基本单元是触发器。

触发器的种类很多，本项目主要介绍 RS 触发器、D 触发器、JK 触发器的结构、逻辑功能、特性表以及特性方程等内容。

项目目标

1. 知识目标

（1）了解触发器的功能、种类以及基本工作方式；

（2）掌握 RS 触发器的工作特性；

（3）掌握 D 触发器的工作特性；

（4）掌握 JK 触发器的工作特性。

2. 能力目标

（1）能识读集成触发器的引脚排列图；

（2）会分析和测试集成触发器的逻辑功能；

（3）掌握集成触发器的应用技能。

3. 素质目标

（1）在实训项目中培养严谨认真的态度；

（2）在团队任务中培养协同合作的精神；

（3）增强民族自信、文化自信。

任务 认识触发器

任 务 单

一、学习目标

（一）知识目标

（1）掌握 RS 触发器的功能及种类、电路结构、逻辑功能、特性方程；

（2）掌握 JK 触发器的基本功能、电路结构、逻辑功能、特性方程；

（3）了解三种类型的 D 触发器，掌握其电路图、图形符号、逻辑功能。

（二）能力目标

（1）能够绘制同步 RS 触发器的状态转移图，并根据特性表推导特性方程；

（2）能够画出 JK 触发器输出端的电压波形，根据卡诺图推导特性方程；

（3）能够使用 74LS112 型集成 JK 触发器；

（4）能够画出 D 触发器特性表、卡诺图，并根据要求选择合适的 D 触发器。

（三）素质目标

（1）具有团队协作能力；

（2）具有民族担当意识、创新意识。

二、任务分析

（一）RS 触发器

（1）掌握基本 RS 触发器的逻辑功能及其特性表；

（2）了解同步 RS 触发器与基本 RS 触发器的区别；

（3）掌握触发器的空翻现象。

（二）JK 触发器

（1）掌握同步、边沿 JK 触发器的基本功能和电路结构，说出逻辑功能；

（2）说一说集成 JK 触发器的逻辑功能，并能够根据输入信号，画出其输出信号波形图。

（三）D 触发器

（1）说一说同步 D 触发器的电路、图形符号、逻辑功能及特性方程；

（2）说一说同步 D 触发器与边沿触发器的区别；

（3）说一说集成 D 触发器的端子功能。

三、总结反思

（1）想一想你学到了哪些新知识；

（2）想一想你掌握了哪些新技能；

（3）你对自己在本任务中的表现满意吗？写出课后反思。

在数字系统中，常常需要存储各种数字信息，也就是需要有记忆功能的电路，我们称为时序逻辑电路。这种电路的特点是门电路的输出状态不仅取决于当时的输入信号，还取决于电路原来的状态。触发器能够存储 1 位二进制数字信号，是构成时序逻辑电路的基本单元。触发器的特点是：① 具有两个稳定的输出状态——输出 1 态和输出 0 态，在无输入信号时其输出状态保持稳定不变；② 当满足一定逻辑关系的输入时，触发器输出状态能够迅速翻转，由一种稳定状态转换到另外一种稳定状态；③ 输入信号消失后，所置成的 0 或 1 态能够被保存下来，即触发器具有记忆功能。

一、RS 触发器

1. 基本 RS 触发器

基本 RS 触发器又称为 RS 锁存器，是最简单的触发器，也是构成各种触发器的基础。常见的基本 RS 触发器有两种结构，一种是由与非门构成的，另一种是由或非门构成的。

1）与非门构成的基本 RS 触发器

与非门构成的基本 RS 触发器是由两个与门 G1 和 G2 的输入、输出端交叉耦合构成的，逻辑图及图形符号如图 6.1 所示。

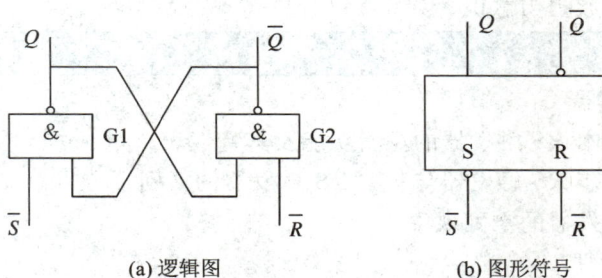

(a) 逻辑图　　　　　(b) 图形符号

图 6.1　与非门构成的基本 RS 触发器

图 6.1 中 $\overline{S}$ 为置 1 输入端，$\overline{R}$ 为置 0 输入端，都是低电平有效；Q、$\overline{Q}$ 为输出端，通常情况下 Q 与 $\overline{Q}$ 的状态相反，一般以 Q 的状态作为触发器的状态。当 $Q=1$，$\overline{Q}=0$ 时，称触发器处于 1 态；当 $Q=0$，$\overline{Q}=1$ 时，称触发器处于 0 态。

2）工作原理

（1）当 $\overline{R}=0$，$\overline{S}=1$ 时，因为 G2 门有一个输入端为 0，所以 G2 门的输出端 $\overline{Q}=1$，且反馈至 G1 门的输入端，使 G1 门的两个输入信号均为 1，G1 门的输出端 $Q=0$，此时触发器处于 0 态。

（2）当 $\overline{R}=1$，$\overline{S}=0$ 时，因为 G1 门有一个输入端为 0，所以 G1 的输出端 $Q=1$，且反馈至 G2 门的输入端，使 G2 门的两个输入信号均为 1，G2 门的输出端 $\overline{Q}=0$，此时触发器处于 1 态。

（3）当 $\overline{R}=1$，$\overline{S}=1$ 时，G1 门和 G2 门的输出状态由它们的原来状态决定。如果触发器原输出状态 $Q=0$，则 G2 输出端 $\overline{Q}=1$，并使 G1 门的两个输入端均为 1，所以输出端 $Q=0$，即触发器保持原来的 0 态不变；同样，当触发器原状态为 $Q=1$ 时，则 G2 输出端 $\overline{Q}=0$，并使 G1 的一个输入为 0，其输出端 $Q=0$，即触发器也保持原来的 1 态不变。这就是触发器的记忆功能。

（4）当 $\overline{R}=0$，$\overline{S}=0$ 时，G1 门和 G2 门均有一个输入为 0，使其输出均为 1，即 $Q=\overline{Q}=1$，这种状态不是触发器的定义状态，而且当 $\overline{R}$、$\overline{S}$ 的信号同时去除后（即 $\overline{R}$、$\overline{S}$ 同时由 0 变为 1），G1 和 G2 的四个输入全为 1，其输出都有变为 0 的趋势，触发器的状态就由 G1 和 G2 两个门的传输延迟时间上的差异决定，因而具有随机性，输出状态不确定。因此，此种情况在使用中是禁止出现的，这是基本 RS 触发器的约束条件。应当说明，如果 $\overline{R}$、$\overline{S}$ 的信号不是同时去除，则触发器的状态还是可以确定的。

3）逻辑功能

触发器的功能可以采用特性表、特性方程、状态图和波形图来描述，并规定用 Q^n 表示输入信号到来之前 Q 的状态，称为现态；用 Q^{n+1} 表示输入信号到来之后 Q 的状态，称为次态。

（1）基本 RS 触发器特性表。特性表是指触发器次态与输入信号和电路原有状态之间关系的真值表。基本 RS 触发器的特性表如表 6.1 所示，简化的特性表如表 6.2 所示。

表 6.1　基本 RS 触发器特性表

输入			输出	功能说明
$\overline{R}$	$\overline{S}$	Q^n	Q^{n+1}	
0	0	0	x	不稳定状态，不允许
0	0	1	x	
0	1	0	0	置 0
0	1	1	0	
1	0	0	1	置 1
1	0	1	1	
1	1	0	0	保持原状态
1	1	1	1	

表 6.2　基本 RS 触发器简化特性表

$\overline{R}$	$\overline{S}$	Q^{n+1}
0	0	不定
0	1	0
1	0	1
1	1	Q^n

（2）特性方程。触发器的特性方程就是触发器次态 Q^{n+1} 与输入及现态 Q^n 之间的逻辑关系式。由基本 RS 触发器的逻辑图或者特性表，我们可以写出基本 RS 触发器的特性方程为

$$\begin{cases} Q^{n+1} = S + \overline{R}Q^n \\ \overline{R} + \overline{S} = 1 \end{cases} \tag{6-1}$$

式中，$\overline{R}+\overline{S}=1$ 是因为 $\overline{R}=\overline{S}=0$ 时的输入状态是不允许的，所以输入信号必须满足 $\overline{R}+\overline{S}=1$，称它为约束条件。

（3）状态图。表示触发器的状态转换关系及转换条件的图形称为触发器的状态图。基本 RS 触发器的状态图如图 6.2 所示。图中的两个圆圈表示触发器的两个稳定状态，曲线箭头表示触发器状态转换情况，箭头旁标注的是触发器状态转换的输入条件。

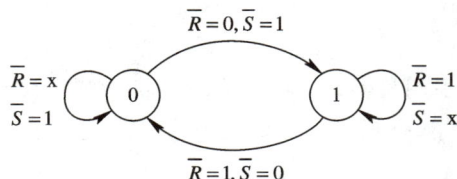

图 6.2　基本 RS 触发器的状态图

当触发器处在 0 状态，即 $Q^n=0$ 时，若输入信号 $\overline{R}\,\overline{S}=01$ 或 11，则触发器仍为 0 状态；若 $\overline{R}\,\overline{S}=10$，则触发器就会翻转成为 1 状态。

当触发器处在 1 状态，即 $Q^n=1$ 时，若输入信号 $\overline{R}\,\overline{S}=10$ 或 11，则触发器仍为 1 状态；若 $\overline{R}\,\overline{S}=01$，则触发器就会翻转成为 0 状态。

（4）波形图。表示触发器输入信号取值和输出状态之间对应关系的图形称为触发器的波形图，基本 RS 触发器的波形图如图 6.3 所示。

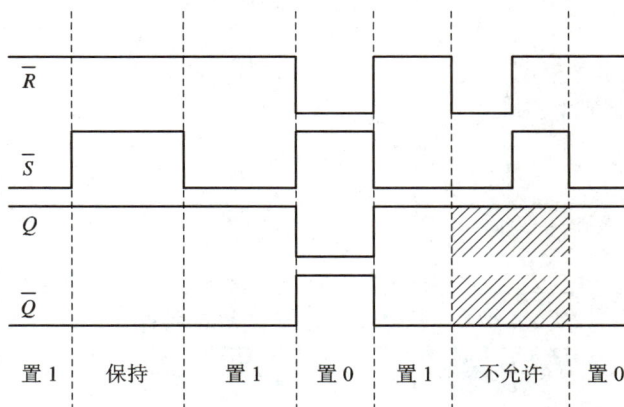

图 6.3　基本 RS 触发器的波形图

2. 同步 RS 触发器

在实际数字系统中，往往希望多个触发器按照一定的节拍协调一致地工作，因此通常给触发器加入一个时钟控制端 CP，只有当 CP 端上出现时钟脉冲时，触发器

的状态才能变化。具有时钟脉冲控制的触发器，其状态的改变与时钟脉冲同步，所以称为同步触发器。

1）电路结构

同步 RS 触发器的逻辑图和图形符号如图 6.4 所示。同步 RS 触发器是在 G1 和 G2 门构成的基本 RS 触发器的基础上，增加了由 G3 和 G4 门构成的时钟控制电路。CP 为时钟脉冲输入端，R、S 是信号输入端。$\overline{S}_D$、$\overline{R}_D$ 是直接置 1 端和直接置 0 端，不受 CP 脉冲控制，一般用来在工作开始前给触发器预先设置给定的工作状态。触发器正常工作时，取 $\overline{S}_D = \overline{R}_D = 1$。

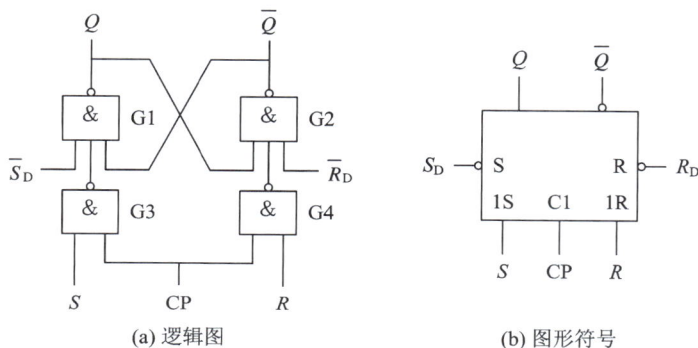

(a) 逻辑图　　　　　(b) 图形符号

图 6.4　同步 RS 触发器

2）逻辑功能

由图 6.4(a)所示的逻辑图可知，当 CP＝0 时，控制门 G3、G4 被封锁，不论输入信号 R、S 如何变化，G3、G4 门都输出 1，使 G1、G2 门构成的基本 RS 触发器保持原状态不变，即 $Q^{n+1} = Q^n$。

当 CP＝1 时，控制门 G3、G4 被打开，R、S 端的输入信号才能通过控制门送入基本 RS 触发器，使触发器的状态发生变化，此时工作原理与基本 RS 触发器相同。因此可以列出同步 RS 触发器的特性表，如表 6.3 所示。

表 6.3　同步 RS 触发器特性表

CP	R	S	Q^n	Q^{n+1}	功能说明
0	x	x	x	Q^n	保持
1	0	0	0	0	保持
1	0	0	1	1	
1	0	1	0	1	置1
1	0	1	1	1	
1	1	0	0	0	置0
1	1	0	1	0	
1	1	1	0	不定	不允许
1	1	1	1	不定	

由表 6.3 可以得出同步 RS 触发器的特性方程，即

$$\begin{cases} Q^{n+1} = S + \overline{R}Q^n \\ RS = 0 \end{cases} \qquad (6-2)$$

式中，$RS=0$ 为同步 RS 触发器的约束条件，且当 $CP=1$ 时有效。

同步 RS 触发器的状态图如图 6.5 所示，波形图如图 6.6 所示。

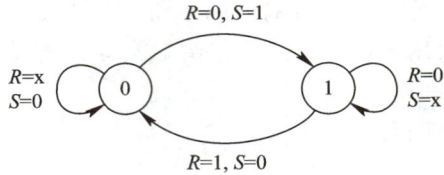

图 6.5 同步 RS 触发器的状态图

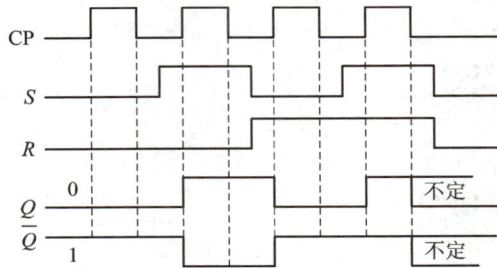

图 6.6 同步 RS 触发器的波形图

由同步 RS 触发器的特性表和波形图可以看出，同步 RS 触发器为高电平触发有效，输出状态的转换分别由 CP 和 R、S 控制，其中 R、S 端输入信号决定触发器的转换状态，时钟脉冲 CP 决定触发器状态转换的时刻，即何时发生转换。

【例 6.1】 同步 RS 触发器如图 6.4 所示，已知时钟脉冲 CP 和输出信号 R、S 的波形如图 6.7 所示，试画出输出端 Q 的波形。设触发器初始状态 $Q=0$。

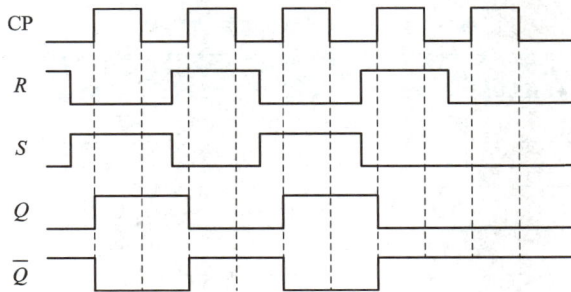

图 6.7 例 6.1 波形图

3）同步触发器的空翻

在一个 CP 时钟脉冲周期的整个高电平期间或整个低电平期间都能接收输入信号并改变触发器状态的触发方式称为电平触发，同步 RS 触发器就属于电平触发方式。如果在 CP 脉冲的整个高电平期间内，R、S 输入信号发生了多次变化，则触发

器的输出状态也相应会发生多次变化。这种在一个时钟脉冲周期中,触发器发生多次翻转的现象叫作空翻。空翻是一种有害的现象,它使得电路不能按时钟节拍工作,会造成系统的误动作。一般通过完善触发器的电路结构来避免空翻现象。

二、JK 触发器

1. 同步 JK 触发器

1) 电路结构

克服同步 RS 触发器在 $R=S=1$ 时出现不定状态的另一种方法是将触发器输出端 Q^n 和 $\overline{Q^n}$ 的状态反馈到输入端(构成 JK 触发器),这样,G3 和 G4 门的输出不会同时出现 0,从而避免了不定状态的出现。同步 JK 触发器如图 6.8 所示。

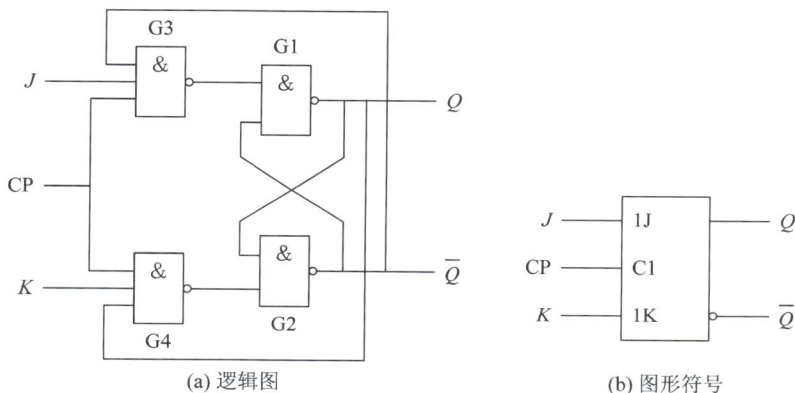

(a) 逻辑图   (b) 图形符号

图 6.8　同步 JK 触发器

2) 逻辑功能

当 CP=0 时,G3、G4 被封锁,其输出都为 1,触发器保持原状态不变。

当 CP=1 时,G3、G4 解除封锁,输入 J、K 端的信号可控制触发器的状态。

当 $J=K=0$ 时,G3 和 G4 都输出 1,触发器保持原状态不变,即 $Q^{n+1}=Q^n$。

当 $J=1$、$K=0$ 时,若触发器为 $Q^n=0$、$\overline{Q^n}=1$ 的 0 状态,则在 CP=1 时,G3 输入全为 1,输出为 0,G1 输出 $Q^{n+1}=1$。由于 $K=0$,G4 输出为 1,这时 G2 输入全为 1,输出 $\overline{Q^{n+1}}=0$。触发器翻转到 1 状态,即 $Q^{n+1}=1$。若触发器为 $Q^n=1$、$\overline{Q^n}=0$ 的 1 状态,则在 CP=1 时,G3 和 G4 的输入分别为 $\overline{Q^n}=0$ 和 $K=0$,这两个门都能输出 1,触发器保持原来的 1 态不变,$Q^{n+1}=Q^n$。

综上可知:

(1) 当 $J=1$、$K=0$ 时,不论触发器原来在何种状态,则在 CP 脉冲由 0 变为 1 后,触发器翻转到和 J 相同的 1 态。

(2) 当 $J=0$、$K=1$ 时,用同样的方法分析可知,在 CP 脉冲由 0 变为 1 后,触发器翻到 0 状态,即翻转到和 J 相同的 0 状态。

(3) 当 $J=K=1$ 时,在 CP 由 0 变 1 后,触发器的状态由 Q^n 和 $\overline{Q^n}$ 端的反馈信号决定。如触发器的状态为 $Q^n=0$,$\overline{Q^n}=1$,当 CP=1 时,G4 输入有 $Q^n=0$,输出为 1,G3 输入有 $\overline{Q^n}=1$,$J=1$,即输入全为 1,输出为 0。因此 G1 输出 $Q^{n+1}=1$,

G2 输入全为 1，输出 $\overline{Q^{n+1}}=0$，触发器翻转到 1 状态，和原来的状态相反。若触发器的状态为 $Q^n=1$、$\overline{Q^n}=0$，当 CP$=1$ 时，G4 输入全为 1，输出为 0。G3 输入有 $\overline{Q^n}=0$，输出为 1。因此，G2 输出 $\overline{Q^{n+1}}=1$，G1 输入全为 1，输出 $Q^{n+1}=0$，触发器翻转到 0 状态。可见，在 $J=K=1$ 时，每输入一个时钟脉冲 CP，触发器的状态变化一次，电路处于计数状态，这时 $Q^{n+1}=\overline{Q^n}$。

由此可列出同步 JK 触发器的特性表，如表 6.4 所示。

表 6.4 同步 JK 触发器的特性表

J	K	Q^n	Q^{n+1}	说明
0	0	0	0	保持
0	0	1	1	
0	1	0	0	置0
0	1	1	0	
1	0	0	1	置1
1	0	1	1	
1	1	0	1	翻转
1	1	1	0	

从以上分析可知，同步 JK 触发器的逻辑功能如下：当 CP 由 0 变为 1 后，J 和 K 输入状态不同时，触发器翻转到和 J 相同的状态，即具有置 0 和置 1 功能；当 $J=K=0$ 时，触发器保持原来的状态不变；当 $J=K=1$ 时，触发器具有翻转功能。在 CP$=1$ 且由 1 变 0 后，触发器保持原状态不变。

3）特性方程

根据表 6.4 可画出图 6.9 所示同步 JK 触发器 Q^{n+1} 的卡诺图。由该图得到同步 JK 触发器的特性方程为

$$Q^{n+1} = J\,\overline{Q^n} + \overline{K}Q^n \quad \text{（CP}=1\text{ 期间有效）}$$

$$(6-3)$$

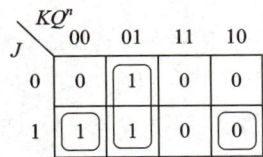

图 6.9 同步 JK 触发器 Q^{n+1} 的卡诺图

4）驱动表

根据表 6.4 可列出在 CP$=1$ 时同步 JK 触发器的驱动表，如表 6.5 所示。

表 6.5 同步 JK 触发器的驱动表

Q^n	$\rightarrow$	Q^{n+1}	J	K
0		0	0	x
0		1	1	x
1		0	x	1
1		1	x	0

5）状态图

根据表 6.5 可画出同步 JK 触发器的状态图，如图 6.10 所示。

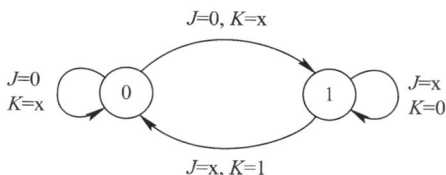

$$J=0, K=x$$

$$J=0$$
$$K=x$$

$$J=x$$
$$K=0$$

$$J=x, K=1$$

图 6.10　同步 *JK* 触发器的状态图

2. 边沿 JK 触发器

同步触发器在 CP＝1 期间接收输入信号，如果输入信号在此期间发生多次变化，其输出状态也会随之发生翻转，这种现象称为触发器的空翻。空翻现象限制了同步触发器的应用，为此人们设计了边沿触发器。

边沿触发器只能在时钟脉冲 CP 上升沿（或下降沿）时刻接收输入信号，因此，电路状态只能在 CP 上升沿（或下降沿）时刻翻转。在 CP 的其他时间内，电路状态不会发生变化，这样就提高了触发器工作的可靠性和抗干扰能力，防止出现空翻现象。

图 6.11 所示为边沿 *JK* 触发器的图形符号，*J*、*K* 为信号输入端，框内"＞"左边加小圆圈"。"表示逻辑非的动态输入，它实际上表示用时钟脉冲 CP 的下降沿触发。边沿 *JK* 触发器的逻辑功能和前面讨论的同步 *JK* 触发器的功能相同，因此，它的特性表、驱动表与同步 *JK* 触发器的也相同。但边沿 *JK* 触发器只有在 CP 脉冲下降沿到达时才有效，故它的特征方程为

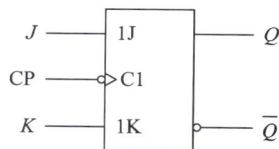

图 6.11　边沿 *JK* 触发器的图形符号

$$Q^{n+1} = J\overline{Q^n} + \overline{K}Q^n \quad （CP 下降沿到达时有效） \qquad (6-4)$$

下面说明边沿 *JK* 触发器的工作情况。

【例 6.2】　图 6.12 所示为下降沿触发边沿 *JK* 触发器 CP、*J*、*K* 端的输入电压波形，试画出输出 *Q* 端的电压波形。设触发器的初始状态为 *Q*＝0。

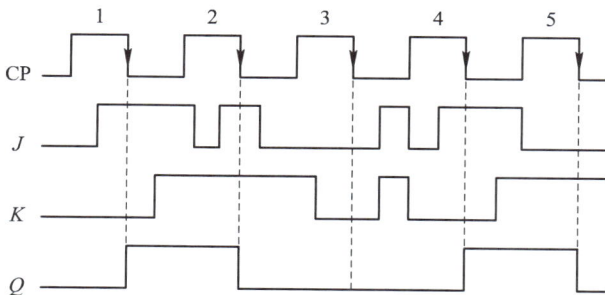

图 6.12　例 6.2 波形图

解：第 1 个时钟脉冲 CP 下降沿到达时，由于 *J*＝1、*K*＝0，因此，触发器由 0 状态翻转到 1 状态。

第 2 个时钟脉冲 CP 下降沿到达时，由于 *J*＝*K*＝1，因此，触发器由 1 状态翻转到 0 状态。

第 3 个时钟脉冲 CP 下降沿到达时，由于 $J=K=0$，因此，触发器保持原来的 0 状态不变。

第 4 个时钟脉冲 CP 下降沿到达时，由于 $J=1$、$K=0$，因此，触发器由 0 状态翻转到 1 状态。

第 5 个时钟脉冲 CP 下降沿到达时，由于 $J=0$、$K=1$，因此，触发器由 1 状态翻转到 0 状态。

由上题分析可得如下结论：

边沿 JK 触发器用时钟脉冲 CP 下降沿触发时电路才会接收 J、K 端的触发信号并改变状态，而在 CP 为其他值时，不管 J、K 为何值，电路状态不会改变。

在一个时钟脉冲 CP 的作用时间内，只有一个下降沿，电路最多只改变一次状态。因此，电路没有出现空翻现象。

3. 集成 JK 触发器

集成 JK 触发器常用的芯片有 74LS112 和 CC4027。其中，74LS112 属于 TTL 电路，是下降边沿触发的双 JK 触发器；CC4027 属于 CMOS 电路，是上升边沿触发的双 JK 触发器。集成边沿 JK 触发器引脚排列图如图 6.13 所示。

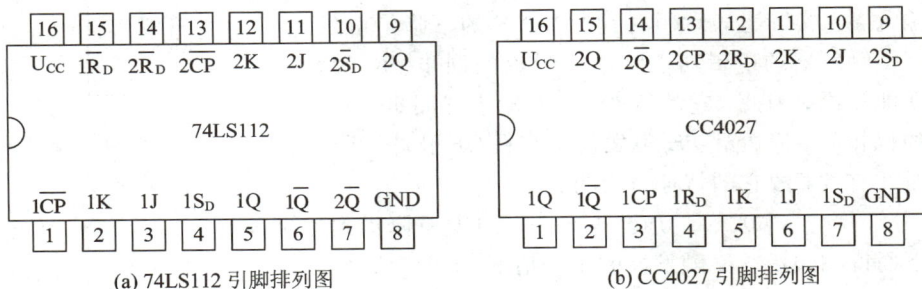

(a) 74LS112 引脚排列图

(b) CC4027 引脚排列图

图 6.13　集成边沿 JK 触发器引脚排列图

74LS112 双 JK 触发器中的每个集成芯片包含两个具有复位、置位端的下降沿触发的 JK 触发器，74LS112 的图形符号如图 6.14 所示。74LS112 常用于缓冲触发器、计数器和移位寄存器电路中，J、K 为输入端；Q、$\overline{Q}$ 是输出端；CP 为时钟脉冲信号输入端；逻辑符号中 CP 引线上的">"表示边沿触发，无此符号表示电位触发；CP 脉冲引线端既有">"又有小圆圈"。"时，表示触发器状态发生在时钟脉冲下降沿到来时刻，只有">"没有小圆圈"。"时，表示触发器状态发生在时钟脉冲上升沿到来时刻；$\overline{S}_D$ 为直接置 1 端，$\overline{R}_D$ 为置 0 端，$\overline{S}_D$、$\overline{R}_D$ 引线端的小圆圈"。"表示低电平有效。74LS112 的逻辑功能的特性表如表 6.6 所示。

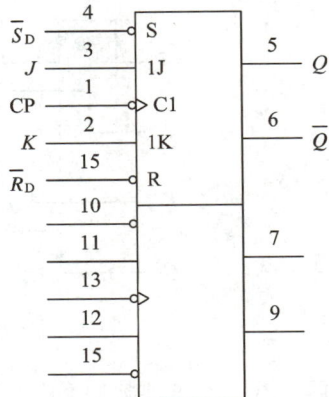

图 6.14　74LS112 图形符号

表 6.6　74LS112 的逻辑功能的特性表

$\overline{R}_D$	$\overline{S}_D$	CP	J	K	Q^{n+1}	功　能
0	0	x	x	x	不定	不允许
0	1	x	x	x	0	直接置0
1	0	x	x	x	1	直接置1
1	1	↓	0	0	Q^n	保持
1	1	↓	0	1	0	置0
1	1	↓	1	0	1	置1
1	1	↓	1	1	$\overline{Q}^n$	翻转
1	1	↑	x	x	Q^n	不变

三、D触发器

1. 同步 D 触发器

1) 电路组成

为了避免同步 RS 触发器同时出现 R 和 S 都为1的情况，可在 R 和 S 之间接入非门 G5，如图 6.15(a)所示，这种单端输入的触发器称为 D 触发器，图6.15(b)为图形符号，D 为信号输入端。

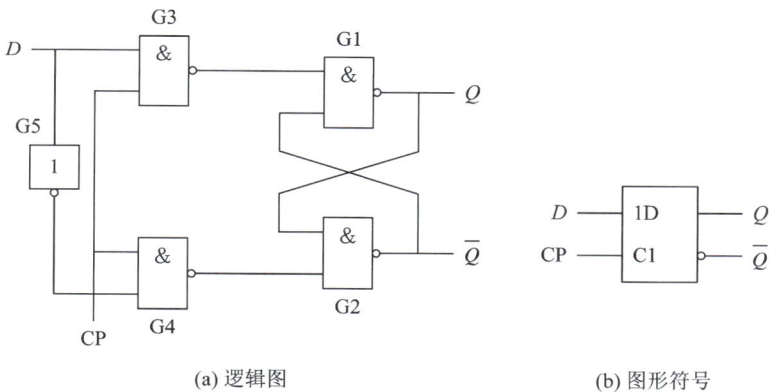

(a) 逻辑图　　　　　　　　　　　(b) 图形符号

图 6.15　同步 D 触发器

2) 逻辑功能

在 CP＝0 时，G3、G4 被封锁，其输出都为1，触发器保持原状态不变，不受 D 端输入信号的控制。

在 CP＝1 时，G3、G4 解除封锁，可接收 D 端输入信号。如果 $D＝1$ 时，$\overline{D}＝0$，触发器翻到 1 状态，即 $Q^{n+1}＝1$；如果 $D＝0$ 时，$\overline{D}＝1$，触发器翻到 0 状态，即 $Q^{n+1}＝0$。由此可列出表 6.7 所示同步 D 触发器的特性表。

表 6.7　同步 D 触发器的特性表

D	Q^n	Q^{n+1}	说　明
0	0	0	输出状态与 D 相同
0	1	0	输出状态与 D 相同
1	0	1	输出状态与 D 相同
1	1	1	输出状态与 D 相同

由以上分析可知，同步 D 触发器的逻辑功能为：当 CP 由 0 变为 1 后，触发器的状态翻转到和 D 的状态相同，当 CP 由 1 变为 0 后，触发器保持原状态不变。

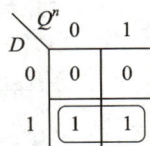

图 6.16　同步 D 触发器 Q^{n+1} 的卡诺图

3）特性方程

根据表 6.7 可画出同步 D 触发器 Q^{n+1} 的卡诺图，如图 6.16 所示。由该图可得同步 D 触发器的特性方程为

$$Q^{n+1} = D \quad (\text{CP} = 1\ 期间生效) \qquad (6-5)$$

4）驱动表

根据表 6.7 可列出在 CP＝1 时的同步 D 触发器的驱动表，如表 6.8 所示。

表 6.8　同步 D 触发器的驱动表

$Q^n \rightarrow Q^{n+1}$		D	$Q^n \rightarrow Q^{n+1}$		D
0	0	0	1	0	0
0	1	1	1	1	1

5）状态图

根据表 6.8 可画出图 6.17 所示同步 D 触发器的状态图。

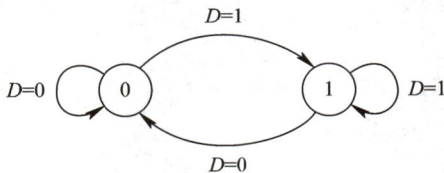

图 6.17　同步 D 触发器状态转换图

2. 边沿 D 触发器

同步 D 触发器的空翻现象如图 6.18 所示。

边沿 D 触发器也称为维持阻塞 D 触发器，它的图形符号如图 6.19 所示。D 为信号输入端，框内"＞"表示动态输入，它表明用时钟脉冲 CP 的上升沿触发。它的逻辑功能和前面讨论的同步 D 触发器相同，因此，它的特性表、驱动表与同步 D 触发器的也都相同，但边沿 D 触发器只有在 CP 上升沿到达时才有效，故它的特性方

程为

$$Q^{n+1} = D \text{（CP 上升沿到达时刻有效）} \qquad (6-6)$$

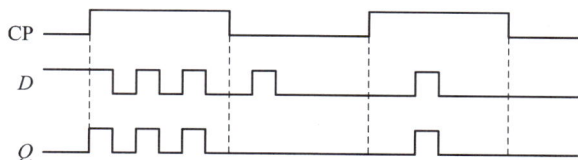

图 6.18　D 触发器的空翻现象

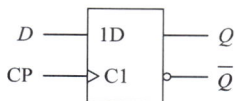

图 6.19　边沿 D 触发器的图形符号

下面举例说明边沿 D 触发器的工作情况。

【例 6.3】　图 6.20 所示为上升沿触发的边沿 D 触发器的时钟脉冲 CP 和 D 端输入的电压波形，试画出触发器输出 Q 和 $\overline{Q}$ 的波形。设触发器的初始状态为 $Q=0$。

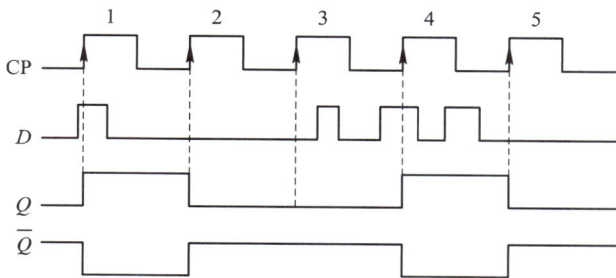

图 6.20　例 6.3 波形图

解：第 1 个时钟脉冲 CP 上升沿到达时，D 端输入信号为 1，所以触发器由 0 翻转到 1 态。而在 CP＝1 期间，D 端输入信号虽然由 1 变为 0，但触发器的状态不改变，仍保持 1 状态。

第 2 个时钟脉冲 CP 上升沿到达时，D 端输入信号为 0，触发器由 1 翻转到 0 态。

第 3 个时钟脉冲 CP 上升沿到达时，D 端输入信号仍为 0，触发器 0 态保持不变。在 CP＝1 期间，D 虽然出现了一个正脉冲，但触发器的状态不会改变。

第 4 个时钟脉冲 CP 上升沿到达时，D 端输入信号为 1，所以触发器由 0 翻转到 1 态。在 CP＝1 期间，D 虽然出现了一个负脉冲，这时触发器的状态同样不会改变。

第 5 个时钟脉冲 CP 上升沿到达时，D 端输入信号为 0，这时，触发器由 1 翻转到 0 态。

根据以上分析可画出输出端 Q 的波形，输出端 $\overline{Q}$ 的波形为 Q 的反相波形。

通过该例题分析可看到：

（1）边沿 D 触发器是用时钟脉冲 CP 上升沿触发的，也就是说，只有当 CP 上升沿到达时，电路才会接收 D 端的输入信号而改变状态，而当 CP 为其他值时，不管 D 端输入为 0 还是为 1，触发器的状态不会改变。

（2）在一个时钟脉冲 CP 作用时间内，只有一个上升沿，电路状态最多只改变一次，因此，它没有出现空翻现象。

3. 集成 D 触发器

常用的 D 触发器有 74LS74、CC4013 等，74LS74 为 TTL 集成边沿 D 触发器，CC4013 为 CMOS 集成边沿 D 触发器。图 6.21 为集成 D 触发器引脚排列图。

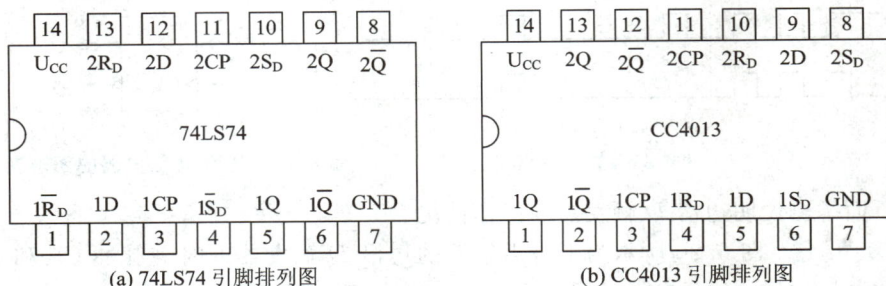

(a) 74LS74 引脚排列图　　　　　　(b) CC4013 引脚排列图

图 6.21　集成 D 触发器引脚排列图

74LS74 内部包含有两个带有清零端 $\overline{R}_D$ 和预置端 $\overline{S}_D$ 的触发器，D 为信号输入端，Q 和 $\overline{Q}$ 为信号输出端，CP 为时钟信号输入端。74LS74 是 CP 脉冲上升沿触发，异步输入端 $\overline{R}_D$、$\overline{S}_D$ 为低电平有效，$\overline{S}_D$ 为异步置 1 端，$\overline{R}_D$ 为异步置 0 端。74LS74 图形符号如图 6.22 所示，74LS74 逻辑功能表如表 6.9 所示。

表 6.9　集成 D 触发器 74LS74 逻辑功能表

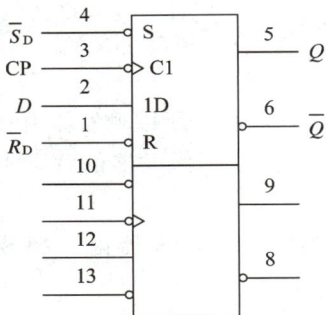

图 6.22　74LS74 图形符号

$\overline{R}_D$	$\overline{S}_D$	CP	D	Q^{n+1}	功能
0	0	x	x	不定	不允许
0	1	x	x	0	异步置 0
1	0	x	x	1	异步置 1
1	1	↑	0	0	置 0
1	1	↑	1	1	置 1
1	1	↓	x	Q^n	不变

思考练习

1. 触发器有两个稳定状态，即_____和_____状态。

2. 基本 RS 触发器具有置_____和_____和保持功能。

3. 同步 RS 触发器是否存在空翻现象？_____。

4. 同步 JK 触发器和边沿 JK 触发器各有什么特点？

答：_____。

5. JK 触发器具有置_____、置_____、_____和_____功能。

6. JK 触发器的特性方程为_____。

7. 通过比较 D 触发器和 JK 触发器，说明 D 触发器的优点。

答：_____。

8. D 触发器具有置_____、置_____功能。

9. D 触发器的特性方程为 _____。

课程思政

合抱之木，生于毫末，九层之台，起于累土，千里之行，始于足下。所有的研究都是通过严谨的态度从零开始学习和研究，坚持以恒，不断探索下去的。

实训　自锁开关的制作

开关是一种应用十分广泛的器件。不少电器设备采用单按钮自锁开关，按一下电源接通并保持自锁状态，再按一下则断开电源，解锁复位到初始状态。请利用 D 触发器 4013 制作一个自锁开关，并实现其功能。

1. 实训设备。

D 触发器、按钮、电容、二极管、电阻、直流源。

2. 请根据表 6.10 领取本项目所需材料。

表 6.10　项目材料表

序号	器材名称	型号	领取数量
1	D 触发器	4013	1 只
2	发光二极管		2 只
3	电阻	1 kΩ	3 只
4	导线		若干
5	电容	4.7 μF	1 只
6	电容	1 μF	1 只
7	电源	DC6 V	1 个
8	电阻	2 kΩ	1 只

3. 按钮自锁开关原理图如图 6.23 所示，按图连接实物。

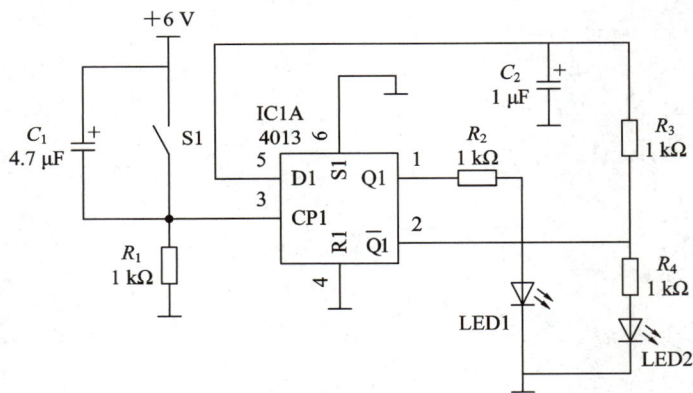

图 6.23　按钮自锁开关原理图

4. 说明电路的工作原理。

注意事项：实验时开关 S1 可使用 4 位拨码开关中的一位，通过闭合和断开来模拟 S1 的接通和断开。本实验仅使用 4013 双 D 触发器的一个，另一个 D 触发器的各个输入端要避免悬空，应接在高电平或低电平上。

项目七 | 计数器/定时器及其应用

~~~~~~

项目描述

　　本项目将介绍时序逻辑电路(简称时序电路)的进阶内容,主要包括二进制计数器、十进制计数器、任意进制计数器、定时器等。

项目目标

1. 知识目标

(1) 熟悉计数器的分析方法;

(2) 掌握中规模集成计数器 7490、74161 逻辑功能表;

(3) 熟练用集成计数器 7490、74161 设计计数器;

(4) 能根据计数器逻辑功能表设计计数器;

(5) 掌握数字钟的基本组成;

(6) 熟悉数字钟电路中信号的传递过程。

2. 能力目标

(1) 能对计数器进行分析;

(2) 能够用 7490、74161 逻辑功能表分析其功能;

(3) 能够用集成计数器 7490、74161 设计计数器;

(4) 能够说出数字钟各组成部分的作用。

3. 素质目标

(1) 在学习过程中培养严谨认真的态度;

(2) 在分析的过程中要有大国工匠精益求精的精神;

(3) 增强民族自信、文化自信。

~~~~~~

任务一 二进制计数器的应用

任 务 单

一、学习目标

（一）知识目标

（1）了解二进制计数器的应用；

（2）熟悉二进制计数器的分析方法。

（二）能力目标

（1）能够正确运用时序逻辑电路分析方法；

（2）能够正确判断同步二进制计数器的逻辑功能；

（3）能够正确说出异步二进制计数器与同步二进制计数器的区别。

（三）素质目标

（1）具有团队协作能力；

（2）具有民族担当意识、创新意识。

二、任务分析

（一）时序逻辑电路分析步骤

（1）确定电路时钟脉冲触发方式，写时钟方程；

（2）列驱动方程、次态方程、输出方程；

（3）列状态转换表，画状态图、时序图；

（4）分析电路的逻辑功能，判断是否具有自启动功能。

（二）异步二进制计数器

（1）掌握异步二进制加法、减法计数器；

（2）了解异步计数器的特点。

（三）同步二进制计数器

（1）掌握同步二进制加法计数器；

（2）掌握同步二进制减法计数器；

（3）了解异步二进制计数器与同步二进制计数器的区别。

三、总结反思

（1）想一想你学到了哪些新知识；

（2）想一想你掌握了哪些新技能；

（3）你对自己在本任务中的表现满意吗？写出课后反思。

一、时序电路分析步骤

时序电路分析步骤如下：

（1）确定电路时钟脉冲触发方式，写时钟方程。

时序电路可分为同步和异步时序电路。同步时序电路中各触发器的时钟端均与总时钟端相连，即 $CP_1 = CP_2 = CP_3 = \cdots = CP$，这样在分析电路时各触发器所受的时钟控制是相同的，可总体考虑。而异步时序电路中各触发器的时钟端不是完全相同的，故在分析电路时需要分别考虑，以确定各触发器的翻转条件。

（2）列驱动方程、次态方程、输出方程。

驱动方程即为各触发器输入信号的逻辑表达式，它们决定触发器次态方程，驱动方程必须根据逻辑图的连线得出。次态方程也称状态方程，它表示了触发器次态和现态之间的关系，它是将各触发器的驱动方程代入特性方程而得到的。若电路有外部输出，如计数器的进位输出等，则可写出电路的输出方程。

（3）列状态转换表，画状态图、时序图。

状态转换表是将电路所有现态依次列举出来，再分别代入次态方程中求出相应的次态并列成表。通过状态转换表分析电路的转换规律。状态图是将状态转换表变成了图形的形式。时序图即为该电路的波形图。

（4）分析电路的逻辑功能，判断是否具有自启动功能。

以上归纳的只是一般的分析步骤，在分析每个具体的电路时不一定都需要按上述步骤按部就班地进行。例如对于一些简单的电路，有时可以直接列出状态转换表并得到状态图。此外，在分析异步时序电路时，原则上仍然可以按上述步骤进行。不过由于异步时序电路中的触发器不是共用同一个时钟信号，所以每次电路状态发生转换时，不一定每个触发器都有时钟信号到达，而且加到不同触发器上的时钟信号在时间上也可能有先有后。只有在时钟信号到达时，触发器才会按照状态方程决定的次态翻转，否则触发器的状态将保持不变。因此，在电路状态发生转换时，必须首先确定各触发器是否会有时钟信号到达以及到达的时间，然后才能按状态方程确定它的次态。显然，异步时序电路的分析要比同步时序电路的分析更复杂一些。

【例 7.1】 判断图 7.1 所示电路的功能。

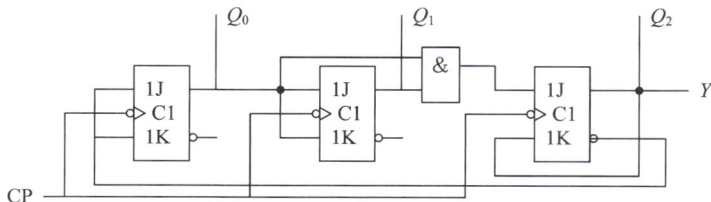

图 7.1 例 7.1 图

解：（1）写出时钟方程，即

$$CP_0 = CP, \quad CP_1 = CP, \quad CP_2 = CP$$

（2）写出驱动方程，即

$$J_0 = \overline{Q}_2, \quad K_0 = \overline{Q}_2, \quad J_1 = Q_0, \quad K_1 = Q_0, \quad J_2 = Q_0 Q_1, \quad K_2 = Q_2$$

（3）写出次态方程，即

$$Q_0^{n+1} = \overline{Q}_2\,\overline{Q}_0 + Q_2 Q_0$$

$$Q_1^{n+1} = \overline{Q}_1 Q_0 + Q_1 \overline{Q}_0$$

$$Q_2^{n+1} = \overline{Q}_2 Q_1 Q_0$$

（4）列出状态转换表，见表7.1。

表 7.1　状态转换表

CP	Q_2	Q_1	Q_0	Q_2^{n+1}	Q_1^{n+1}	Q_0^{n+1}
1	0	0	0	0	0	1
2	0	0	1	0	1	0
3	0	1	0	0	1	1
4	0	1	1	1	0	0
5	1	0	0	0	0	0
6	1	0	1	0	1	1
7	1	1	0	0	1	0
8	1	1	1	0	0	1

（5）画出状态图，如图7.2所示。

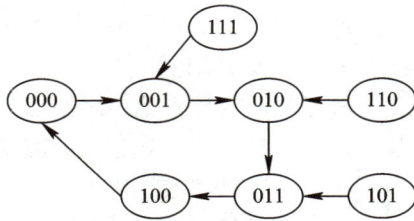

图 7.2　状态图

（6）归纳逻辑功能，即该电路是一个同步五进制加法计数器，具有自启动功能。

二、异步二进制计数器

在数字电路中，广泛采用二进制数体制，与此相对应的计数器为二进制计数器。在输入脉冲的作用下，计数器按二进制数变化顺序循环经历 2^n 个独立状态（n 为构成计数器的触发器个数），因此又称为模 2^n 计数器，模数 $M = 2^n$。

1. 异步二进制加法计数器

下面以3位异步二进制加法计数器（见图7.3）为例，找出其规律后，再推广到一般计数器。

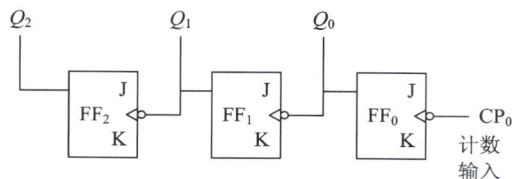

图 7.3　由下降沿触发的 JK 触发器构成的 3 位异步二进制加法计数器

首先，按照二进制加法运算规律，可以列出 3 位异步二进制加法计数器的状态转换表（见表 7.2），从表中不难发现以下规律：

（1）最低位触发器 FF_0 的输出状态 Q_0，在时钟脉冲 CP_0 的作用下，每来一个脉冲，状态就翻转一次。

（2）次高位触发器 FF_1 的输出状态 Q_1，在 Q_0 由 1 变为 0 时翻转一次，即当 Q_0 原来为 1 时，来一脉冲进行加 1 计数，"1＋1"使本位得 0，并向高位进"1"（逢二进一）时，迫使它的相邻高位状态翻转，以满足进位要求。

（3）最高位触发器 FF_2 的输出状态 Q_2 与 Q_1 相似，在相邻低位 Q_1 由 1→0（进位）时翻转。

表 7.2　3 位异步二进制加法计数器的状态转换表

输入脉冲数	触发器状态			输入脉冲数	触发器状态		
	Q_2	Q_1	Q_0		Q_2	Q_1	Q_0
0	0	0	0	5	1	0	1
1	0	0	1	6	1	1	0
2	0	1	0	7	1	1	1
3	0	1	1	8	0	0	0
4	1	0	0	9	0	0	1

由此可见，要构成异步二进制加法计数器，各触发器间的连接规律如下：

（1）各触发器的翻转发生在前一位触发器输出端 Q 从 1 变为 0 的时刻。

（2）最低位触发器的时钟脉冲输入端接计数脉冲源 CP 端。

（3）其他各触发器的时钟脉冲输入端则接到它们相邻低位的输出端 Q 或 $\overline{Q}$。究竟是接 Q 端还是 $\overline{Q}$ 端，应视触发器的触发方式而定：如果触发器为上升沿触发，那么当相邻低位由 1→0（进位）时，应迫使相邻高位翻转，需向其输出一个 0→1 的上升脉冲，此时可由 $\overline{Q}$ 端引出；如果触发器为下降沿触发，那么当相邻低位由 1→0（进位）时，其 Q 端刚好给出下跳变，满足使高位翻转的需要，因此时钟脉冲输入端应接相邻低位的 Q 端。

图 7.4 所示为由下降沿触发的 JK 触发器构成的 3 位异步二进制加法计数器的时序图，此时，各触发器 J、K 端均悬空。由图 7.4 可以看出，如果 CP 的频率为 f_0，那么 Q_0、Q_1、Q_2 的频率分别为 $f_0/2$、$f_0/4$、$f_0/8$，说明计数器具有分频作用，该计数器也称为分频器。每经过一级触发器，输出脉冲频率就被二分频，相对于 f_0 来说，Q_0、Q_1 和 Q_2 输出依次为 f_0 的二分频、四分频和八分频。

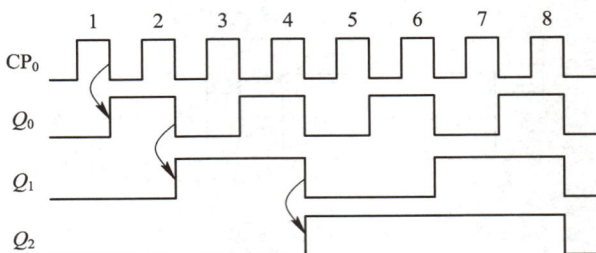

图 7.4 由下降沿触发的 *JK* 触发器构成的 3 位异步二进制加法计数器的时序图

图 7.5 所示为由上升沿触发的 *D* 触发器构成的 4 位异步二进制加法计数器。同上所述，该 4 位异步二进制计数器的循环的长度为 $2^4=16$，即它应有 16 个状态。

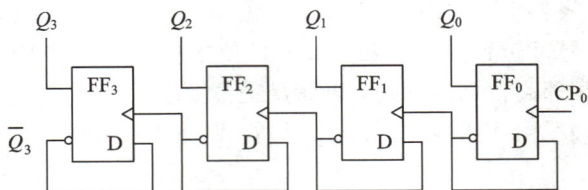

图 7.5 由上升沿触发的 **D** 触发器构成的 4 位异步二进制加法计数器

如果计数位数较多时，可按此规律逐级增加高位触发器。

2. 异步二进制减法计数器

这里仍以 3 位异步二进制减法计数器（见图 7.6(a)）为例进行介绍。按照二进制减法运算规律，可以列出 3 位异步二进制减法计数器随输入脉冲计数递减的状态转换表（见表 7.3），从表中不难发现以下规律：

表 7.3 3 位二进制减法计数器的状态转换表

输入脉冲数	触发器状态			输入脉冲数	触发器状态		
	Q_2	Q_1	Q_0		Q_2	Q_2	Q_0
0	0	0	0	5	0	1	1
1	1	1	1	6	0	1	0
2	1	1	0	7	0	0	1
3	1	0	1	8	0	0	0
4	1	0	0	9			

（1）最低位触发器 FF_0 的输出状态 Q_0，在时钟脉冲 CP_0 的作用下，每来一个脉冲，状态就翻转一次。

（2）次高位触发器 FF_1 的输出状态 Q_1，在其相邻低位 Q_0 由 0→1（借位）时翻转一次，也即当 Q_0 原来为 0，来一脉冲进行减 1 运算，因不够减而向高位借"1"时，使它的相邻高位 FF_1 翻转一次，同时本位 Q_0 变为 1。

（3）最高位触发器 FF_2 的输出状态 Q_2 与 Q_1 相似，在相邻低位 Q_1 由 0→1（借位）时，产生借位翻转。

可见，要构成异步二进制减法计数器，各触发器的翻转发生在前一位触发器输出端 Q 从 $1 \to 0$ 的时刻，最低位触发器的时钟脉冲输入端接计数脉冲源 CP 端，其他各位触发器的时钟脉冲输入端则接它们相邻低位的输出端 Q 或 $\overline{Q}$。

究竟是接 Q 端还是 $\overline{Q}$ 端，应视触发器的触发方式而定：如果触发器为下降沿触发，那么在相邻低位由 $0 \to 1$ 变化时，其 $\overline{Q}$ 端刚好产生 $1 \to 0$ 的下跳沿，因此应接相邻低位的 $\overline{Q}$ 端；如果触发器为上升沿触发，则应接相邻低位的 Q 端。

图 7.6(b) 给出了下降沿触发的 3 位异步二进制减法计数器的时序图，请读者自行画出由上升沿触发器构成的 3 位异步二进制减法计数器的时序图。

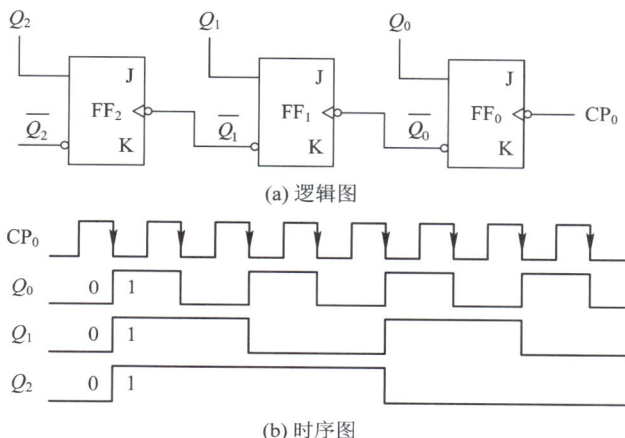

(a) 逻辑图

(b) 时序图

图 7.6　下降沿触发的 3 位异步二进制减法计数器的逻辑图和时序图

3. 异步计数器的特点

异步计数器的最大优点是电路结构简单。其主要缺点是：由于各触发器翻转时存在延迟时间，级数越多，延迟时间越长，因此计数速度慢；同时，由于延迟时间在有效状态转换过程中会出现过渡状态，从而造成逻辑错误。基于上述原因，在高速的数字系统中，大都采用同步计数器。

三、同步二进制计数器

1. 同步二进制加法计数器

在同步计数器中，各个触发器的时钟端均由同一时钟脉冲源作用，各触发器若要动作，则应在时钟脉冲作用下同时完成。因此，在相同的时钟脉冲条件下，触发器的翻转，是由各触发器的数据控制端状态决定的。从表 7.2 中可以发现，在统一的时钟脉冲作用下，各触发器状态转换的规律为：

（1）每来一个脉冲最低位就翻转一次。

（2）其他位均是在其所有低位为 1 时才翻转，因为此时再来一个脉冲，低位向本位应有进位。

3 位同步二进制加法计数器的逻辑图如图 7.7 所示，图中已将 JK 触发器转换为 T 触发器使用，即将 J 和 K 端相连，改为 T 端。

由 JK 触发器构成的 3 位同步二进制加法计数器，存在以下关系：

$$J_0 = K_0 = 1, \quad J_1 = K_1 = Q_0, \quad J_2 = K_2 = Q_0 Q_1$$

$$CP_1 = CP_2 = CP_3 = CP$$

以上讨论的是 3 位同步二进制计数器，如果位数更多，则控制进位的规律可依次类推。对其中任一位触发器来说，假如是第 n 位，在其所有低位均为 1 时，下一个 CP 脉冲作用时它将改变状态。因此，T 触发器控制端的逻辑表达式可写为

$$T_n = Q_{n-1} \cdots Q_2 Q_1$$

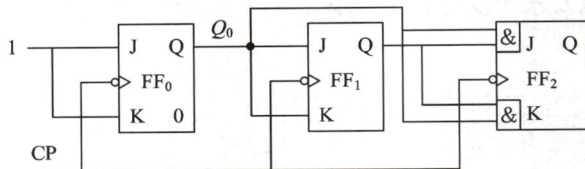

图 7.7　3 位同步二进制加法计数器

如果用 JK 触发器，则可写为

$$J_n = K_n = Q_{n-1} \cdots Q_2 Q_1$$

2. 同步二进制减法计数器

与同步二进制加法计数器相似，由表 7.3 可以看出，在统一的时钟脉冲作用下，各触发器状态转换的规律为：

（1）每来一个脉冲最低位翻转一次。

（2）其他位均当其所有低位为 0 时翻转，因为减 1 时低位需向本位借位。

因此，由 T 触发器构成同步二进制减法计数器时，应有

$$CP_1 = CP_2 = \cdots CP_n = CP$$

$$T_1 = 1, T_2 = \overline{Q}_1, \cdots, T_n = \overline{Q}_{n-1} \cdots \overline{Q}_2 \overline{Q}_1$$

同步计数器具有计数速度高、过渡干扰脉冲小的优点。对同步计数器来说，计数器任一状态改变时，自计数脉冲有跳变沿到稳定输出所需时间比异步计数器要少得多。但它要求计数脉冲源信号功率较大，级数 n 越多，负载越重。同时，级数越多，高位触发器 J、K 端数目越多，低位触发器负载越重。

市场上同步二进制计数器的产品种类繁多，有些还附加了一些控制功能，例如，有直接清除功能的 4 位同步二进制计数器 74LS161，有可预置数功能的 74LS177 二进制计数器，有可预置和清除功能的 74LS193 同步二进制可逆计数器等。

思考练习

1. 时序电路的分析步骤为＿＿＿＿、＿＿＿＿、＿＿＿＿、＿＿＿＿。

2. 说出异步计数器的特点。

3. 要构成异步二进制加法计数器，说说各触发器间的连接规律。

4. 用触发器如何制成异步三十二进制计数器？

5. 异步二进制计数器与同步二进制计数器有哪些区别？

中国的计算机理论和技术发展一直在追赶国际领先水平，但是计算机科学家和科技人员、技术工人在创业的前二三十年中，用双手制成上千台电子管、晶体管和集成电路，失败了不知多少次，终于制成电子计算机所需的数字计数器设备，他们用这批现在看来性能不高的数字设备不失时机地，奇迹般地解决了众多高难度问题，为科技、经济与国防腾飞提供坚实保障。

任　务　单

一、学习目标

（一）知识目标

（1）了解十进制计数器的应用；

（2）熟悉十进制计数器的分析方法。

（二）能力目标

（1）能够说出十进制计数器的应用；

（2）能够正确分析十进制计数器。

（三）素质目标

（1）具有团队协作能力；

（2）具有分析问题、解决问题的能力。

二、任务分析

通过对十进制计数器电路的学习，掌握异步计数器的分析方法，并能判断电路能否自启动。

三、总结反思

（1）想一想你学到了哪些新知识；

（2）想一想你掌握了哪些新技能；

（3）你对自己在本任务中的表现满意吗？写出课后反思。

知识储备

虽然二进制计数器有电路结构简单、运算方便等优点，但人们日常生产中仍习惯用十进制计数，特别是当二进制数的位数较多时，要较快地读出数据就比较困难。因此，数字系统中经常也会用到十进制计数器。

十进制计数器的每一位计数单元需要有 10 个稳定的状态，分别用 0，1，…，9，共 10 个数码表示。直接找到一个有 10 个稳定状态的器件是非常困难的，目前广泛采用的方法是用若干个最简单的具有两个稳态的触发器组成 1 位十进制计数器。若用 M 表示计数器的模数，n 表示组成计数器的触发器个数，则应有 $2^n \geqslant M$ 的关系。

对于十进制计数器而言，$M=10$，则 n 至少为 4，即由 4 位触发器组成 1 位十进制计数器。前面已经讨论了，4 位触发器可组成 4 位二进制计数器，有 16 个状态，用其组成十进制计数器只需 10 个状态来分别对应 0，1，…，9，而需剔除其余的

6 个状态。这种表示 1 位十进制数的一组 4 位二进制数码，称为二-十进制代码或 8421BCD 码，所以十进制计数器也常称为二-十进制计数器。常见的 BCD 码有 8421 码、2421 码、5421 码等。下面通过两个具体电路来说明十进制计数器的功能及分析方法。

图 7.8 给出了两个异步十进制计数器的逻辑图，从图中可见，各触发器的时钟脉冲端不受同一脉冲控制，各个触发器的翻转除受 J、K 端控制外，还要看是否具备翻转的时钟条件。

(a) 5421BCD 码模 10 计数器

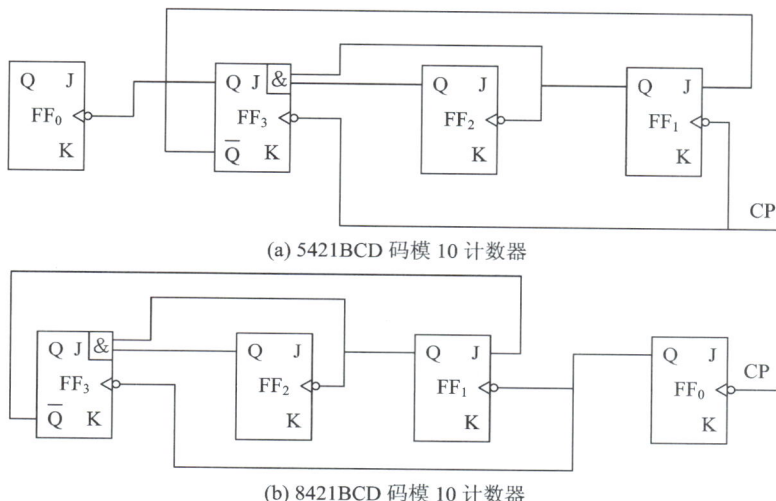

(b) 8421BCD 码模 10 计数器

图 7.8　异步十进制计数器的逻辑图

对图 7.8(a)所示的电路进行分析，步骤如下：

（1）写出时钟方程：
$$CP_1 = CP, \quad CP_2 = Q_1, \quad CP_3 = CP, \quad CP_0 = Q_3$$

（2）写出驱动方程：
$$J_1 = \overline{Q}_3, \quad K_1 = 1, \quad J_2 = 1, \quad K_2 = 1,$$
$$J_3 = Q_2 Q_1, \quad K_3 = 1, \quad J_0 = 1, \quad K_0 = 1$$

（3）写出次态方程，此时要特别注意各触发器次态变化的时刻。次态方程为
$$Q_1^{n+1} = \overline{Q}_3\,\overline{Q}_1 CP_1 \downarrow \ (CP_1 = CP)$$
$$Q_2^{n+1} = \overline{Q}_2 CP_2 \downarrow \ (CP_2 = Q_1)$$
$$Q_3^{n+1} = \overline{Q}_3\,Q_2\,Q_1 CP_3 \downarrow \ (CP_3 = CP)$$
$$Q_0^{n+1} = \overline{Q}_0 CP_0 \downarrow \ (CP_0 = Q_3)$$

（4）列出状态转换表。依次假设现态，代入次态方程进行计算，计算时要特别注意次态方程中的每一个逻辑表达式有效的时钟条件。各触发器只有当相应的触发边沿(如 FF_2 触发器的触发边沿是 Q_1 的下降沿)到来时，才能按次态方程决定其次态的转换，否则将保持原态不变。由以此方法可列出状态转换表(见表 7.4)。

由表 7.4 可画出图 7.8(a)所示电路的时序图，如图 7.9(a)所示。如果由于某种原因该电路进入 6 个任意态，则经过计算，在 CP 脉冲作用下其状态转换的结果与

表 7.4 所示状态转换表结合起来，可画出图 7.8(a)所示电路的全状态图，如图 7.9(b)所示。由图 7.9(b)可见，该电路是具有自启动功能的。

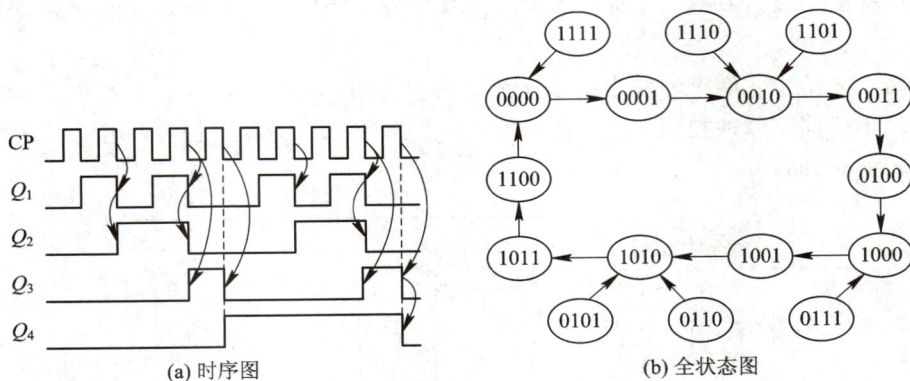

(a) 时序图　　　　　　　　　(b) 全状态图

图 7.9　图 7.8(a)的时序图和全状态图

(5) 归纳逻辑功能。由状态转换表、时序图或全状态图均可得出，图 7.8(a)所示电路是 5421BCD 码的异步十进制加法计数器。将图 7.8(a)中的高位触发器 FF_0移至低位，即为图 7.8(b)所示电路。

表 7.4　图 7.8(a)的状态转换表

计数脉冲 CP	触发器状态				对应十进制数
	Q_0	Q_3	Q_2	Q_1	
0	0	0	0	0	0
1	0	0	0	1	1
2	0	0	1	0	2
3	0	0	1	1	3
4	0	1	0	0	4
5	1	0	0	0	5
6	1	0	0	1	6
7	1	0	1	0	7
8	1	0	1	1	8
9	1	1	0	0	9
10	0	0	0	0	0

按照上述方法，可列出图 7.8(b)所示电路的状态转换表(见表 7.5)、时序图和全状态图(如图 7.10 所示)。可见，图 7.8(b)所示电路是 8421BCD 码的异步十进制

加法计数器，也具有自启动功能。

表 7.5　图 7.8(b)的状态转换表

计数脉冲 CP	触发器状态				对应十进制数
	Q_0	Q_3	Q_2	Q_1	
0	0	0	0	0	0
1	0	0	0	1	1
2	0	0	1	0	2
3	0	0	1	1	3
4	0	1	0	0	4
5	0	0	0	0	5
6	0	1	1	0	6
7	0	1	1	1	7
8	1	0	0	0	8
9	1	0	0	1	9
10	0	0	0	0	0

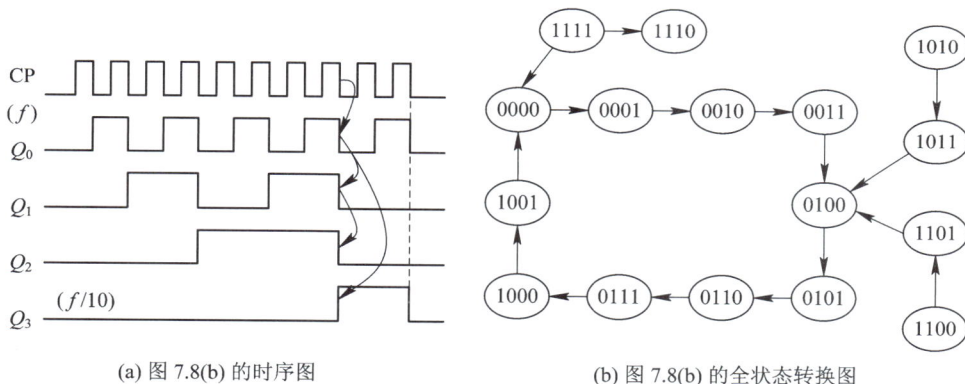

(a) 图 7.8(b) 的时序图　　　　　(b) 图 7.8(b) 的全状态转换图

图 7.10　图 7.8(b)的时序图和全状态图

实际上，从图 7.10(a)所示时序图可以看出，FF$_3$～FF$_1$ 构成一个异步五进制加法计数器，FF$_0$ 构成了 1 位二进制计数器，两个计数器级联构成了"5×2＝10"的十进制计数器。如果将 FF$_0$ 放在最高位，则两个计数器级联也构成了"2×5＝10"的十进制计数器，但由于每一位权数不同，十进制计数器的编码方式也就不同。由此可以得出由小模数计数器构成大模数计数器的方法：两个模数分别为 m 和 n 的计数器级联，可构成模 mn 的计数器。

思考练习

1. 如何判断 R 进制计数器至少需要几个触发器？
2. 如何判断计数器电路是否具有自启动功能？

149

半导体技术是实现数字电路的基础。1947 年 12 月 23 日，美国贝尔实验室成功演示了第一个基于锗半导体的具有放大功能的点接触式晶体管，这标志着现代半导体产业的诞生和信息时代的开启。1956 年，在周恩来总理的重点关注下，半导体技术被列入我国重要的科学技术项目。由此中国开始了漫长的半导体全面攻坚战。1960 年，中国科学院半导体研究所和河北半导体研究所正式成立，标志着我国半导体工业体系初步建成，之后十进制计数器的实现代表着中国数字电路的进一步发展。

任务三　任意进制计数器

任　务　单

一、学习目标

（一）知识目标

（1）掌握 7490 异步集成计数器和 74161 同步集成计数器的逻辑功能表；

（2）熟练用 7490 异步集成计数器和 74161 同步集成计数器设计计数器。

（二）能力目标

（1）能够画出 7490 异步集成计数器和 74161 同步集成计数器的逻辑功能表；

（2）能够设计 7490 异步集成计数器和 74161 同步集成计数器。

（三）素质目标

（1）通过电路分析，培养化繁为简的能力；

（2）培养分析问题、解决问题的能力。

二、任务分析

通过本任务的学习，能用典型集成计数器芯片实现任意进制计数器。

（一）7490 异步集成计数器

（1）说一说 7490 异步集成计数器电路的结构与功能；

（2）怎么利用 7490 异步集成计数器构成任意进制计数器。

（二）74161 同步集成计数器

（1）说一说 74161 同步集成计数器电路的功能；

（2）怎么利用 74161 同步集成计数器构成任意进制计数器。

三、总结反思

（1）想一想你学到了哪些新知识；

（2）想一想你掌握了哪些新技能；

（3）你对自己在本任务中的表现满意吗？写出课后反思。

知识储备

集成计数器属于中规模集成电路，其种类较多，应用也十分广泛。按工作步调，集成计数器一般可分为同步计数器和异步计数器两大类，通常为 8421BCD 码十进制计数器和 4 位二进制计数器。这些计数器功能比较完善，同时还附加了辅助控制端，可进行功能扩展。现以两个常用集成计数器为例来说明它们的功能及扩展应用。

一、7490 异步集成计数器

1. 电路结构

7490 异步集成计数器的全称为二-五-十进制计数器，图 7.11(a)所示是它的逻辑图，图 7.11(b)、(c)所示是图形符号。7490 芯片具有 14 个外引线端子，电源 U_{CC}（5 端）、地 GND(10 端)及空端子(4 端、13 端)未在图中表示出来。

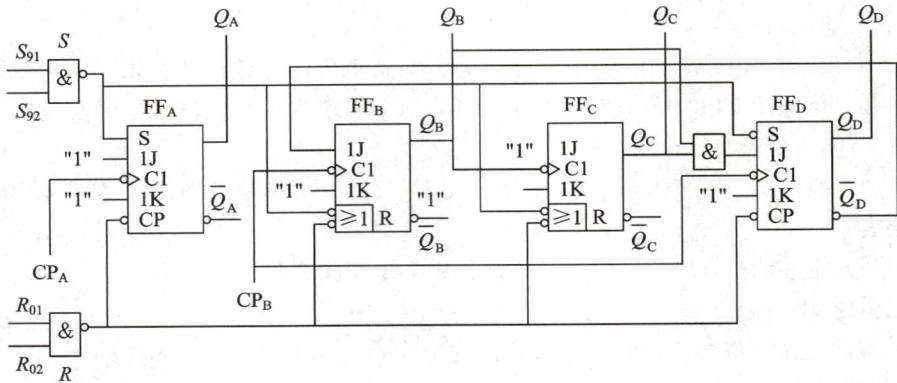

(a) 逻辑图

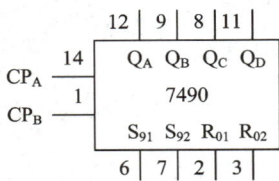

(b) 惯用图形符号

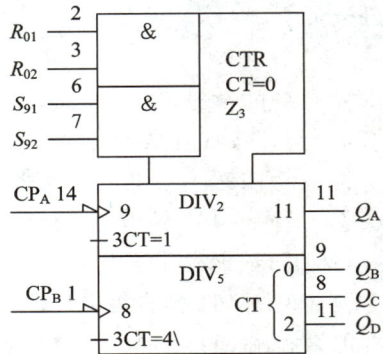

(c) 新标准图形符号

图 7.11　7490 异步集成计数器

由图 7.11(a)可见：

FF_A 触发器具有 T 触发器功能，是一个 1 位二进制计数器，若在 CP_A 端输入脉冲，则 Q_A 的输出信号是 CP_A 的二分频。

$FF_B \sim FF_D$ 触发器组成异步五进制计数器，若在 CP_B 端输入脉冲，则 Q_D 的输出信号是 CP_B 的五分频。

若将 Q_A 接 CP_B，由 CP_A 输入计数脉冲，由 $Q_D Q_C Q_B Q_A$ 输出，则构成 8421BCD 码十进制计数器；若将 Q_D 接 CP_A，由 CP_B 输入计数脉冲，由 $Q_A Q_D Q_C Q_B$ 输出，则构成 5421BCD 码十进制计数器。

2. 电路功能

7490 异步集成计数器可实现如下功能：

（1）复位。当复位输入端 $R_{01}=R_{02}=1$、置 9 输入端 $S_{91}=S_{92}=0$ 时，各触发器清零，实现计数器清零功能。

（2）置 9。当置 9 输入端 $S_{91}=S_{92}=1$、复位输入端 $R_{01}=R_{02}=0$ 时，触发器 FF_A、FF_B 置 1，而 FF_B、FF_C 置 0，实现计数器置 9 功能，即当计数器连接成 8421BCD 码十进制计数器形式时，使 $Q_D Q_C Q_B Q_A=1001$；当计数器连接成 5421BCD 码十进制计数器形式时，使 $Q_A Q_D Q_C Q_B=1100$。

由于复位和置 9 均不需要 CP 作用，因此又称为异步复位和异步置 9。

当 $R_{01}=R_{02}=0$、$S_{91}=S_{92}=0$ 时，各触发器恢复 JK 触发器功能而实现二进制、五进制、十进制等计数功能。究竟按什么进制计数，则需要依据外部接线情况而定。时钟脉冲 CP_A、CP_B 下降沿有效。

7490 异步集成计数器的逻辑功能见表 7.6。

表 7.6 7490 异步集成计数器的逻辑功能表

输入控制端					输出端			
CP	R_{01}	R_{02}	S_{91}	S_{92}	Q_D	Q_C	Q_B	Q_A
x	1	1	0	x	0	0	0	0
x	1	1	x	0	0	0	0	0
x	0	x	1	1	1	0	0	1
x	x	0	1	1				
↓	0	x	0	x	计数			
↓	0	x	x	0				
↓	x	0	0	x				
↓	x	0	x	0				

3. 构成任意进制计数器

在二–五–十进制计数器的基础上，利用其辅助控制端子，通过不同的外部连接，用 7490 异步集成计数器可构成任意进制计数器。

【例 7.2】 用 7490 异步集成计数器构成六进制加法计数器。

解：图 7.12(a) 是用 7490 异步集成计数器构成的六进制加法计数器的逻辑图，图 7.12(b) 是它的时序图。

图 7.12(a) 中，将 Q_A 接 CP_B，计数脉冲由 CP_A 接入，使 7490 连接成 8421BCD 码加法计数器。若将 Q_B、Q_C 分别反馈至 R_{01} 和 R_{02}，当计数至 0110 时，计数器被迫复位。因此计数器实际计数循环为 0000～0101 的 6 个有效状态，跳过了 0110～1001 的 4 个无效状态，构成模 6 计数器。由时序图可见，"0110"状态有一个极短暂的过程，一旦计数器复位，该状态就消失了。

这种用反馈复位使计数器清零跳过无效状态构成所需进制计数器的方法，称为反馈复位法。

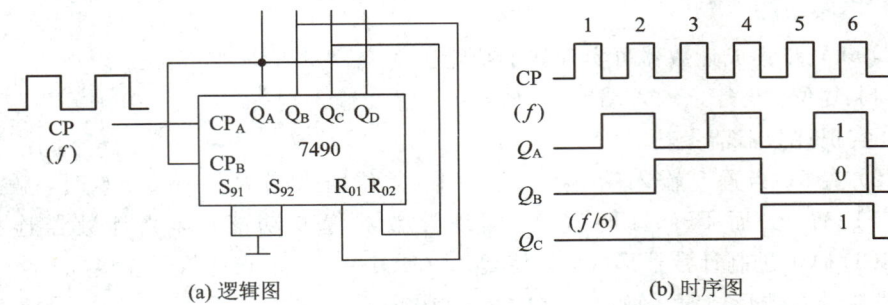

(a) 逻辑图   (b) 时序图

图 7.12　7490 异步集成计数器构成的六进制加法计数器

【例 7.3】　用 7490 异步集成计数器构成八十二进制计数器。

解：两片 7490 异步集成计数器均接成 8421BCD 码十进制计数器形式，将个位片的进位输出 Q_D 接至十位片的计数脉冲输入端 CP_A，两片 7490 异步集成计数器就可级联成一个 8421BCD 码的一百进制计数器。图 7.13(a) 为由两片 7490 异步集成计数器构成的经过反馈控制的八十二进制计数器。

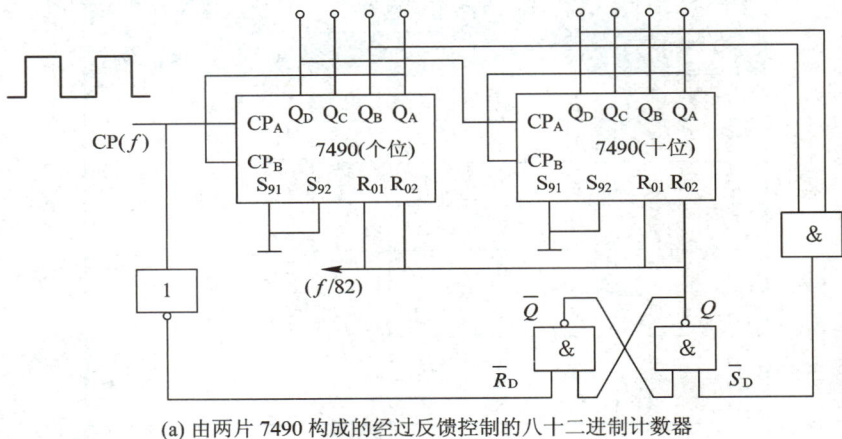

(a) 由两片 7490 构成的经过反馈控制的八十二进制计数器

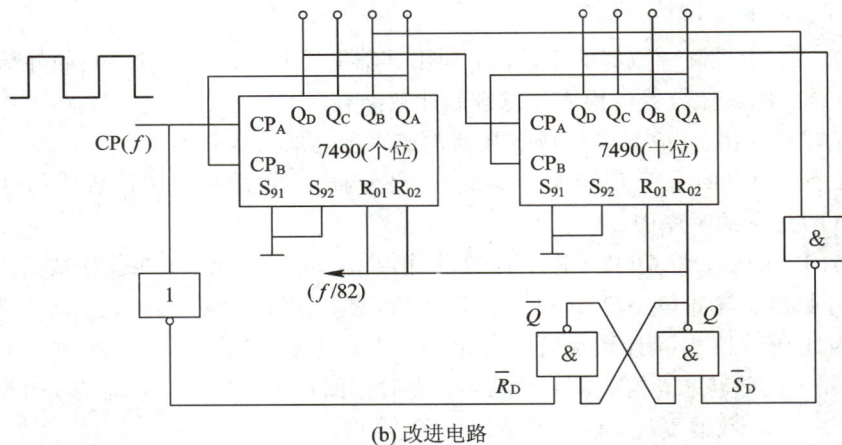

(b) 改进电路

图 7.13　7490 异步集成计数器构成八十二进制计数器

当十位片计数至"8"(即 1000)和个位片计数至"2"(即 0010)时，与门输出高电平，使计数器复位。与门输出又是八十二进制计数器的进位输出端，可获得 CP 脉冲的 82 分频信号。

由此可见，运用反馈复位法，改变与门输入端接线，用 7490 异步集成计数器可构成任意进制计数器。

图 7.13(a)所示电路的缺点是可靠性较差。当计数到 82 时，与门立刻输出正脉冲使计数器复位，迫使计数器迅速脱离 82 状态，所以正脉冲极窄。由于器件制造的离散性，集成计数器的复位时间有长有短，复位时间短的芯片一旦复位变为 0，正脉冲立刻消失，这就可能使复位时间较长的芯片来不及复位，于是计数不能恢复到全 0 状态，造成误动作。为了克服这一缺点，常采用图 7.13(b)所示的改进电路，当计数到 82 时，与非门输出负脉冲将基本 RS 触发器置 1，使计数器复位。基本 RS 触发器的作用是将与非门输出的反馈复位窄脉冲锁住，直到计数脉冲作用完(对下降沿触发器指的是 CP＝0 期间)为止。因而，Q 端输出脉冲有足够的宽度，保证计数器可靠复位。到下一个计数脉冲上升沿到来时，$\overline{R}_D＝0$，基本 RS 触发器置 0，将复位信号撤销，并从 CP 脉冲下降沿开始重新循环计数。

若使用上升沿触发的触发器构成的计数器，则图 7.13(b)中的与非门改为与门即可。

二、74161 同步集成计数器

1. 电路功能

图 7.14(a)给出了 74161 4 位同步二进制计数器的逻辑图，它由 4 个 JK 触发器和一些辅助控制电路组成。

74161 同步集成计数器共有 16 个外引线端子，除电源 U_{CC}(16 端)及地 GND(8 端)外，其余的输入、输出端子均在图 7.14(b)所示的惯用图形符号和图 7.14(c)所示的新标准图形符号中表示出来了。74161 可实现如下功能：

(1) 异步清零。当 $\overline{C}_r＝0$ 时，计数器为全 0 状态。因清零不需与时钟脉冲 CP 同步作用，因此称为异步清零。清零控制信号 $\overline{C}_r$ 低电平有效。

(2) 同步预置。当清零控制端 $\overline{C}_r＝1$、使能端 $P＝T＝1$、预置控制端 $\overline{L}_D＝0$ 时，电路可实现同步预置数功能，即在 CP 脉冲上升沿作用下，计数器输出 $Q_DQ_CQ_BQ_A＝DCBA$。

(3) 保持功能。当 $\overline{L}_D＝\overline{C}_r＝1$ 时，只要 P、T 中有一个为 0，即封锁了 4 个触发器的 J、K 端使其全为 0，此时无论有无 CP 脉冲，各触发器状态保持不变。

(4) 计数。当 $\overline{L}_D＝\overline{C}_r＝P＝T＝1$ 时，电路可实现 4 位同步二进制加法计数器功能。当此计数器累加到"1111"状态时，溢出进位输出端 $\overline{C}_O$ 输出一个高电平的进位信号。

值得注意的是，74161 内部采用的是下降沿触发的 JK 触发器，但 CP 脉冲是经过非门后才引到 JK 触发器时钟端的，因此同步预置和计数功能均是在 CP 脉冲上升沿实现的。图 7.14(c)所示的新标准图形符号中 CP 脉冲输入端用"＞"表示，说明是时钟脉冲上升沿触发。

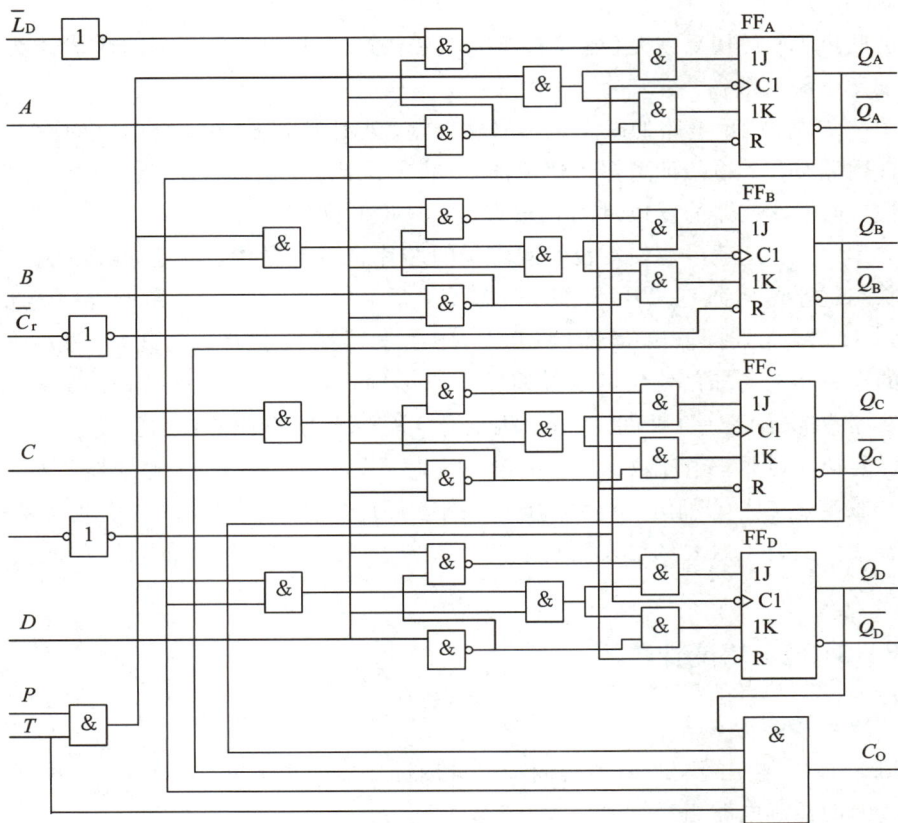

(a) 逻辑电路图

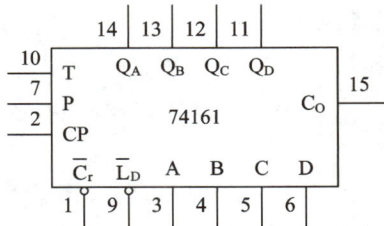

(b) 惯用图形符号

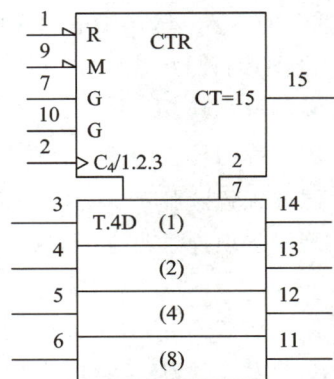

(c) 新标准图形符号

图 7.14　74161 同步集成计数器

74161 同步集成计数器的逻辑功能表如表 7.7 所示。

表 7.7　74161 同步集成计数器的逻辑功能表

输　　入									输　　出			
CP	C_1	L_D	P	T	D	C	B	A	Q_D	Q_C	Q_B	Q_A
x	0	x	x	x	x	x	x	x	0	0	0	0
↑	1	0	x	x	D	C	B	A	D	C	B	A
x	1	1	0	x	x	x	x	x	保持			
x	1	1	x	0	x	x	x	x	保持			
↑	1	1	1	1	x	x	x	x	计数			

2. 构成任意进制计数器

74161 同步集成计数器是集成 4 位同步二进制计数器，也就是模 16 计数器，用它可构成任意进制计数器，且有以下两种方法。

（1）反馈复位法。与 7490 异步集成计数器一样，74161 也有异步清零功能，因此可以采用反馈复位法，使清零控制端 $\overline{C_r}$ 为零，迫使计数器在正常计数过程中跳过无效状态，实现所需进制的计数器。

【例 7.4】 用 74161 同步集成计数器通过反馈复位法构成十进制计数器。

解：图 7.15 是用 74161 同步集成计数器构成的十进制计数器。当计数器从 $Q_D Q_C Q_B Q_A = 0000$ 状态开始计数，计到 $Q_D Q_C Q_B Q_A = 1001$ 时，计数器正常工作。当第 10 个计数脉冲上升沿到来时，计数器出现 1010 状态，与非门立刻输出"0"，使计数器复位至 0000 状态，使 1010 为瞬间状态，不能成为一个有效状态，从而完成一个十进制计数循环。

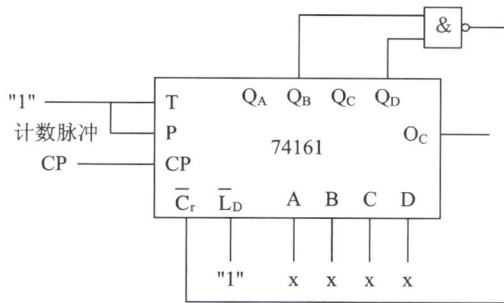

图 7.15　反馈复位法实现十进制计数器

（2）反馈预置法。利用 74161 同步集成计数器的同步预置功能，通过反馈使计数器返回至预置的初态，也能构成任意进制计数器。

【例 7.5】 用 74161 同步集成计数器通过反馈预置法构成十进制计数器。

解：图 7.16(a) 所示为按自然序态变化的十进制计数器电路。图中，$A = B = C = D = 0$，$\overline{C_r} = 1$，当计数器从 $Q_D Q_C Q_B Q_A = 0000$ 开始计数后，计到第 9 个脉冲时，$Q_D Q_C Q_B Q_A = 1001$，此时与非门输出"0"，使 $\overline{L_D} = 0$，为 74161 同步预置做好了准备。当第 10 个 CP 脉冲上升沿作用时，完成同步预置，使 $Q_D Q_C Q_B Q_A = DCBA = 0000$，计数器按自然序态完成 0～9 的十进制计数。

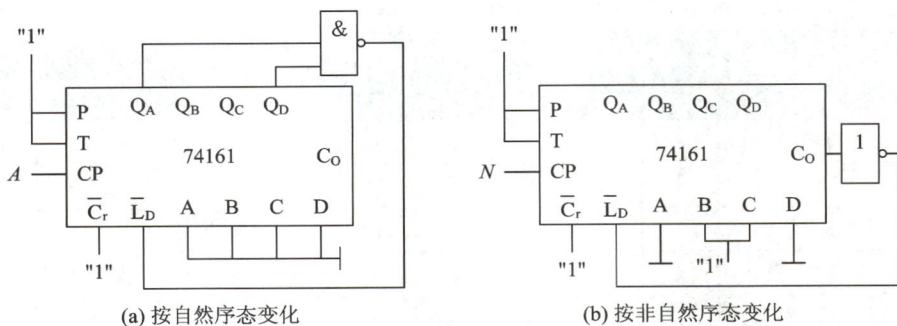

(a) 按自然序态变化   (b) 按非自然序态变化

图 7.16　反馈复位法实现十进制计数器

与用异步复位实现的反馈复位法相比，这种方法构成的 R 进制计数器，在第 N 个脉冲到来时，输出端不会出现瞬间的过渡状态。

另外，利用 74161 同步集成计数器的溢出进位输出端 C_O，也可实现反馈预置，构成任意进制计数器。例如，把 74161 同步集成计数器的初态预置成 $Q_D Q_C Q_B Q_A = 0110$ 状态，利用溢出进位输出端 C_O 形成反馈预置，则计数器就在 0110～1111 的后 10 个状态间循环计数，构成按非自然序态计数的十进制计数器，如图 7.16（b）所示。

当计数模数 $M > 16$ 时，可以利用 74161 同步集成计数器的溢出进位信号 C_O 去连接高 4 位的 74161 芯片，构成 8 位二进制计数器等，读者可自行思考实现的方案。

思考练习

1. 如何用 7490 异步集成计数器设计七十九进制计数器？
2. 如何用 74161 同步集成计数器设计七进制计数器（用两种方法）？

课程思政

　　国产自研芯片龙芯，历经十年艰辛成功打破西方对国产芯片的技术封锁，并成功应用于政企、安全、金融等场景，更被应用于北斗卫星。

　　而龙芯之所以有如今的成绩，离不开为国产芯片奋斗 20 年的胡伟武。据公开资料显示，胡伟武出生于 1968 年，是中国科学院计算技术研究所研究员，也是"四核龙芯通用 CPU 研制"，国家 863 重点项目的负责人。此外，胡伟武还有一个称号，那就是"龙芯之父"。

　　早在 20 世纪 80 年代，胡伟武就意识到我国需要掌握半导体核心技术，因此从小就立志报效祖国的胡伟武，坚定了填补中国在半导体领域空白的信念。改革开放前期，我国急需提升经济水平因而暂缓 CPU 的研发，但胡伟武却没有放弃，即便经费不足，瓶颈难攻，他和他的团队也一直在默默坚持。

21世纪初期，经济腾飞的国家终于有精力兼顾半导体产业，胡伟武的团队也有了更多的资金搞研发。公开资料显示，在2001到2010这十年间，国家共出资4亿人民币供应胡伟武带领的龙芯课题组，胡伟武也不负众望，带领众人成功研制出龙芯一号和龙芯二号。2009年，我国首款四核CPU龙芯3A流片成功。

自此，龙芯课题组向完成使命迈进了一大步。为了拥有更多的资源继续深入研发，2010年胡伟武带领龙芯团队成立龙芯中科技术有限公司。在出资成立公司时，北京市政府牵头、企业跟投，龙芯团队自己也拿出了家底，集众人之力成立公司，这是中国制度优越性的体现。

在当年那个环境下，龙芯都能冲破封锁，相信现如今我国半导体产业同样能够克服一切困难，彻底实现独立自主。

任务四 认识 74LS194 寄存器

任 务 单

一、学习目标

（一）知识目标

　（1）了解寄存器的基本概念；

　（2）熟悉移位寄存器的工作原理。

（二）能力目标

　（1）能说出寄存器的基本概念；

　（2）能分析移位寄存器的工作原理。

（三）素质目标

　（1）通过电路分析，培养化繁为简的能力；

　（2）培养分析问题、解决问题的能力。

二、任务分析

（一）寄存器

　（1）说一说寄存器的结构组成；

　（2）说一说寄存器的功能。

（二）移位寄存器

　（1）说出单向移位寄存器的基本原理；

　（2）说出双向移位寄存器的基本原理。

三、总结反思

　（1）想一想你学到了哪些新知识；

　（2）想一想你掌握了哪些新技能；

　（3）你对自己在本任务中的表现满意吗？写出课后反思。

知识储备

　　在计算机或其他数字系统中，经常要求将运算数据或指令代码暂时存放起来。能够暂存数据（或指令代码）的数字器件称为寄存器。要存放数码或信息，就必须有记忆单元——触发器，每个触发器能存储 1 位二进制数码，存放 n 位二进制数码就需要 n 个触发器。

　　寄存器能够存放数码，移位寄存器除具有存放数码的功能外，还能将数码移位。

· 160 ·

一、寄存器

寄存器要存放数码，必须有以下三个方面的功能：

（1）数码要存得进。

（2）数码要记得住。

（3）数码要取得出。

因此，寄存器中除有触发器外，通常还有一些用于控制的门电路。

在数字集成电路手册中，寄存器通常有锁存器和寄存器之分。实际上，锁存器常指用同步触发器构成的寄存器；而一般所说的寄存器是指用无空翻现象的时钟触发器（即边沿触发器）构成的寄存器。

图 7.17 为由 D 触发器组成的 4 位数码寄存器，将待寄存的数码预先分别加在各 D 触发器的输入端，在存数指令（CP 脉冲上升沿）的作用下，待存数码将同时存入相应的触发器中，且可以同时从各触发器的 Q 端输出，所以称该 4 位数码寄存器为并行输入、并行输出的寄存器。

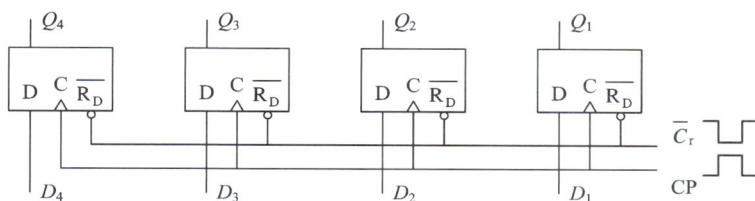

图 7.17 4 位数码寄存器

这种寄存器的特点是，在存入新的数码时自动清除寄存器的原始数码，即只需要一个存数脉冲就可将数码存入寄存器，常称这样的寄存器为单拍接收方式的寄存器。

集成寄存器的种类很多，在掌握其基本工作原理的基础上，通过查阅手册可进一步了解其特性并灵活应用它。

二、移位寄存器

寄存器中存放的各种数码，有时需要依次移位（低位向相邻高位移动，或高位向相邻低位移动），以满足数据处理的需求。例如将一个 4 位二进制数左移一位相当于该数进行乘以 2 的运算，右移一位相当于该数进行除以 2 的运算。具有移位功能的寄存器称为移位寄存器。

1. 单向移位寄存器

由 D 触发器构成的单向右移寄存器如图 7.18 所示。左边触发器的输出接至相邻右边触发器的输入端 D，输入数据由最左边触发器 FF_0 的输入端 D_0 接入，D_0 为串行输入端，Q_3 为串行输出端，$Q_3Q_2Q_1Q_0$ 为并行输出端。

设寄存器的原始状态为 $Q_3Q_2Q_1Q_0 = 0000$，将数据 1101 从高位至低位依次移至寄存器时，因为逻辑图中最高位寄存器单元 FF_3 位于最右侧，因此需先送入最高位

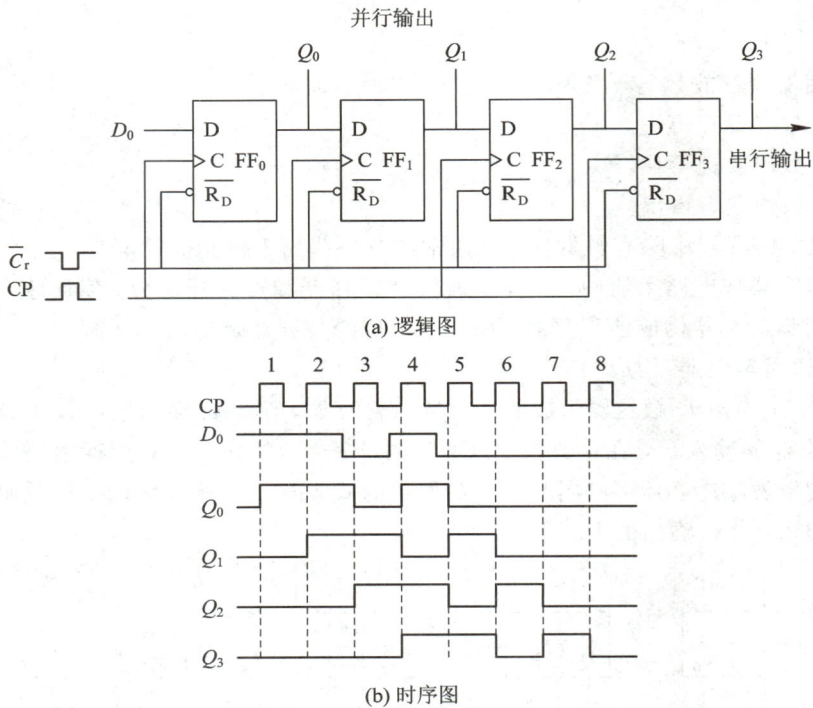

并行输出

(a) 逻辑图

(b) 时序图

图 7.18　单向右移寄存器

数据，则第 1 个 CP↑到来时，$Q_3Q_2Q_1Q_0 = 0001$；第 2 个 CP↑到来时，$Q_3Q_2Q_1Q_0 = 0011$；第 3 个 CP↑到来时，$Q_3Q_2Q_1Q_0 = 0110$；第 4 个 CP↑到来时，$Q_3Q_2Q_1Q_0 = 1101$。

此时，并行输出端 $Q_3Q_2Q_1Q_0$ 的数码与输入相对应，完成了将 4 位串行数据输入并转换为并行数据输出的过程，时序图如图 7.18(b)所示。显然，若以 Q_3 端作为输出端，再经 4 个 CP 脉冲后，已经输入的并行数据可依次从 Q_3 端串行输出，即可组成串行输入、串行输出的移位寄存器。

如果将右边触发器的输出端接至相邻左边触发器的数据输入端，待存数据由最右边触发器的数据输入端串行输入，则构成单向左移寄存器。请读者自行画出单向左移寄存器的电路图。

除用 D 触发器外，也可用 JK、RS 触发器构成寄存器，只需将 JK、RS 触发器转换为 D 触发器功能即可。但 T 触发器不能用来构成移位寄存器。

2. 双向移位寄存器

在单向移位寄存器的基础上，增加由门电路组成的控制电路就可以构成既能左移也能右移的双向移位寄存器。图 7.19 所示为 74194 4 位双向通用移位寄存器。

4 位双向通用移位寄存器 74194（74LS194、74S194 等）的逻辑图如图 7.19(a) 所示，它由 4 个下降沿触发的 RS 触发器和 4 个与或（非）门及缓冲门组成。对外共有 16 个引线端，其中 16 端为电源 U_{CC} 端子，8 端为地 GND 端子（图中未显示 16 端、8 端）。A、B、C、D（3～6 端）为并行数据输入端，Q_A、Q_B、Q_C、Q_D（15、14、13、12 端）为并行输出端，D_L（7 端）为左移串行数据输入端，D_R（2 端）为右移串行数据

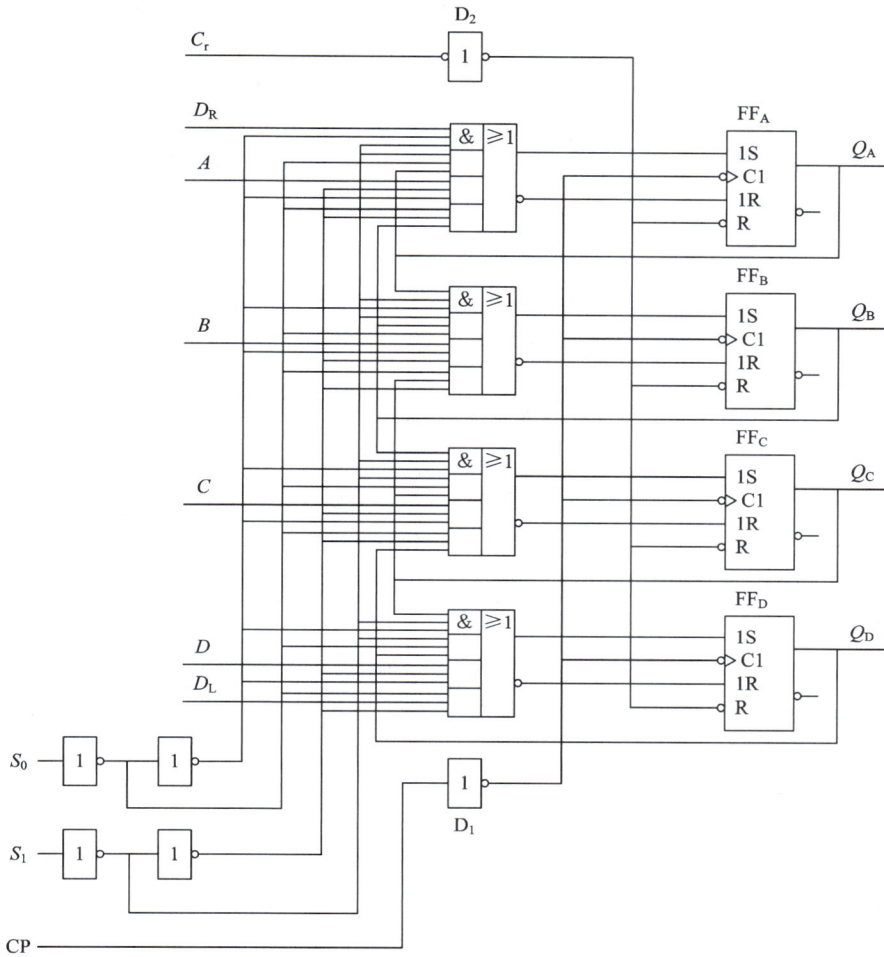

(a) 逻辑图

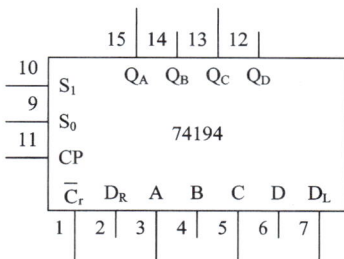

(b) 惯用图形符号

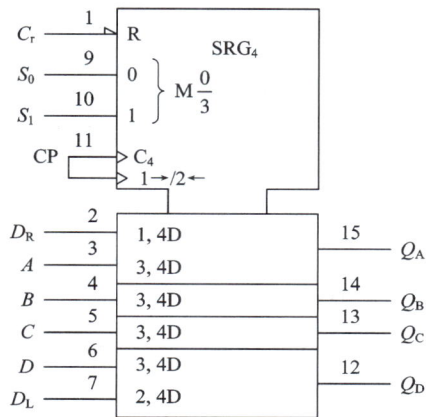

(c) 新标准图形符号

图 7.19 74194 4 位双向通用移位寄存器

输入端，$\overline{C_r}$(1 端)为异步清零端，CP(11 端)为脉冲控制端，S_1、S_0(9、10 端)为工作方式控制端。

4 位双向通用移位寄存器 74194 主要有以下几种逻辑功能：

(1) 异步清零。当 $\overline{C_r}=0$ 时，经缓冲门 D_2 送到各 RS 触发器一个复位信号，使各触发器在该复位信号作用下清零。因为清零工作不需要 CP 脉冲的作用，故称为异步清零。移位寄存器正常工作时，必须保持 $\overline{C_r}=1$(高电平)。

(2) 静态保持。当 CP＝0 时，各触发器没有时钟变化沿，因此将保持原来状态。

(3) 正常工作时，双向移位寄存器有以下几种功能：

① 并行置数。当 $S_1S_0=11$ 时，4 个与或(非)门中自上而下的第 3 个与门打开(其他 3 个与门关闭)，并行输入数据 A、B、C、D 在时钟脉冲上升沿作用下，送入各 RS 触发器中(因为 $R=\overline{S}$，所以 RS 触发器工作于 D 触发器功能)，即各触发器的次态为

$$(Q_AQ_BQ_CQ_D)^{n+1} = ABCD$$

② 右移。当 $S_1S_0=01$ 时，4 个与或(非)门中自上而下的第 1 个与门打开，右移串行输入数据 D_R 送入 FF_A 触发器，使 $Q_A^{n+1}=D_R$，$Q_B^{n+1}=Q_A^n\cdots$，在 CP 脉冲上升沿作用下完成右移。

③ 左移。当 $S_1S_0=10$ 时，4 个与或(非)门中自上而下的第 4 个与门打开，左移串行输入数据 D_L 送入 FF_D 触发器，使 $Q_D^{n+1}=D_L$，$Q_C^{n+1}=Q_D^n\cdots$，在 CP 脉冲上升沿作用下完成左移。

④ 保持(动态保持)。当 $S_1S_0=00$ 时，4 个与或(非)门中自上而下的第 2 个与门打开，各触发器将其输出送回自身输入端，所以，在 CP 脉冲作用下，各触发器仍保持原状态不变。

由以上分析可见，74194 移位寄存器具有清零、静态保持、并行置数、左移、右移和动态保持功能，是功能较为齐全的双向移位寄存器，其逻辑功能归纳于表7.8 中。

表 7.8　74194 4 位双向通用移位寄存器的逻辑功能表

输入					输出	功能
清零	方式控制	时钟	串行输入	并行输入		
$\overline{C_r}$	$S_1\ S_0$	CP	$D_L\ D_R$	$ABCD$	$Q_A^{n+1}\ Q_B^{n+1}\ Q_C^{n+1}\ Q_D^{n+1}$	
0	xx	x	xx	xxxx	0000	清零
1	xx	0	xx	$ABCD$	$ABCD$	保持
1	11	↑	xx	xxxx	$ABCD$	并行置数
1	10	↑	0x	xxxx	$Q_B^n Q_C^n Q_D^n 0$	左移
1	10	↑	1x	xxxx	$Q_B^n Q_C^n Q_D^n 1$	左移
1	01	↑	x0	xxxx	$0Q_A^n Q_B^n Q_C^n$	右移
1	01	↑	x1	xxxx	$1Q_A^n Q_B^n Q_C^n$	右移
1	00	↑	xx	xxxx	$Q_A^n Q_B^n Q_C^n Q_D^n$	保持

1. 什么是寄存器？它具有哪些功能？
2. 74194 是什么器件？它具有哪些功能？

课程思政

寄存器(又称缓存)一般是指由基本的 RS 触发器结构衍生出来的 D 触发，就是一些与非门构成的结构，一般整合在 CPU 内，其读写速度跟 CPU 的运行速度基本匹配。但因为其性能优越，所以造价昂贵，一般好的 CPU 也就只有几兆字节的 2 级缓存，1 级缓存更小。作为手机、电脑等各类电子设备实现存储功能的主要部件，存储芯片是应用最广泛的基础性通用芯片之一，其全球市场长期由三星、SK 海力士、美光等美韩企业占据。从 20 世纪 90 年代至今，历经 30 余年的试错、追赶、坚持，中国存储芯片企业终于占有了一席之地，但是仍然还有很大差距，需要我们继续努力。

任务五　555 集成定时器的应用

任　务　单

一、学习目标

（一）知识目标

(1) 掌握数字钟的基本组成；

(2) 熟悉数字钟各组成部分的作用；

(3) 熟悉数字钟电路中信号的传递过程。

（二）能力目标

(1) 能说出数字钟的基本组成；

(2) 能说出数字钟各组成部分的作用；

(3) 能分析数字钟电路中信号的传递过程。

（三）素质目标

(1) 通过电路分析，培养化繁为简的能力；

(2) 培养分析问题、解决问题的能力。

二、任务分析

（一）时钟源

设计时钟源电路以及分频电路，并检验其功能。

(1) 掌握时钟源电路的工作原理与设计；

(2) 掌握分频电路的原理；

(3) 理解怎样提高数字钟的时钟信号精度。

（二）计数及译码驱动电路

(1) 掌握构成 R 进制计数器的方法及电路的设计；

(2) 掌握译码器在电路中的作用，并完成电路搭建；

(3) 熟悉计数器之间信号的传递过程；

(4) 熟悉电路的装调及故障分析。

（三）校时电路

(1) 掌握校时的原理；

(2) 理解开关的消抖功能。

（四）功能器件的装配和检修

根据前面已学知识设计完整的数字钟电路。

(1) 掌握数字钟功能器件之间的连接；

(2) 熟悉数字钟功能器件之间的信号传递；

三、总结反思

（1）想一想你学到了哪些新知识；

（2）想一想你掌握了哪些新技能；

（3）你对自己在本任务中的表现满意吗？写出课后反思。

知识储备

一、时钟源

振荡器是计数器/定时器的重要组成部分，它主要用来产生时间标准信号。例如可用 555 集成定时器构成多谐振荡器或用门电路构成 RC 环形振荡器来提供信号。若希望信号精度更高，则可采用石英晶体振荡器并通过分频得到 1Hz 时钟信号。

1. 用 555 集成定时器构成时钟源

555 集成定时电路构成的多谐振荡器的电路图和工作波形如图 7.20 所示。GND 为接地端，U_{CC} 为电源端，U_o 为输出端，$\overline{R}_D$ 为复位端（低电平有效）、C_O 为电压控制端、TH 为阈值端（高触发端）、$\overline{TR}$ 为触发端（低触发端）、DIS 为放电端。

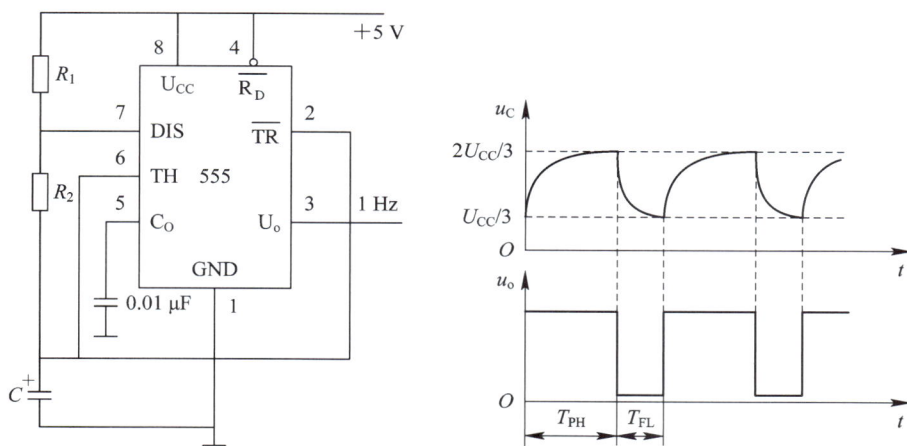

图 7.20　555 集成定时电路构成多谐振荡器的电路图和工作波形

该多谐振荡器的指标为：

（1）充电时间：$T_{PH} \approx 0.7(R_1 + R_2)C$。

（2）放电时间：$T_{PL} \approx 0.7R_2C$。

（3）振荡周期：$T = T_{PH} + T_{PL} \approx 0.7(R_1 + 2R_2)C$。

（4）占空比：$D = \dfrac{T_{PH}}{T} = \dfrac{R_1 + R_2}{R_1 + 2R_2}$。

为实现频率调节，在 R_2 上串联一个电位器 R_P。为实现 1 Hz 左右的脉冲输出，建议 R_1、R_2、R_P 分别选用 6.8 kΩ、3.3 kΩ、47 kΩ。参考电路如图 7.21 所示。

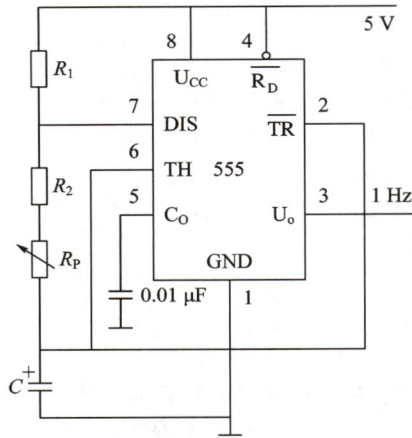

图 7.21　555 集成定时电路构成的振荡器

2. 用石英晶体振荡器构成时钟源

利用石英晶体振荡器(晶振)产生时间标准信号，经分频后得到秒时钟脉冲，因此数字钟的精度取决于石英晶体振荡器。从数字钟的精度考虑，晶振频率越高，数字钟的计时准确度就越高，但这将使振荡器的耗电量增大，分频电路的级数增加，因此一般选取石英晶体振荡器的频率为 32 678 Hz(或 100 kHz)，这样也便于分频得到 1 Hz 的信号。

石英晶体振荡器的电路如图 7.22 所示。电路由石英晶体、微调电容与集成门电路等元器件构成。图中，非门 1 用于振荡，非门 2 用于整形。R_1 为反馈电阻(10～100 MΩ)，其作用是为反相器提供偏置，使其工作于放大状态；C_1 是温度特性校正电容，一般取 20～40 pF；C_2 是中频微调电容，取 5～35 pF，电容 C_1、C_2 与石英晶体一起构成 π 形网络，完成正反馈选频。非门 1 输出的波形为近似正弦波，经非门 2 缓冲整形后输出矩形脉冲。

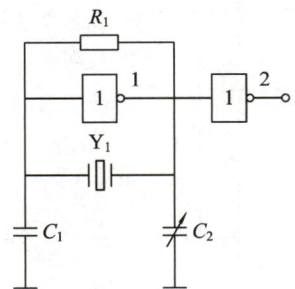

图 7.22　石英晶体振荡器

石英晶体振荡器产生的 32 768 Hz 时间标准信号，并不能直接用来计时，要把它分频成频率为 1 Hz 的秒信号，因此需对它进行 2^{15} 次分频。分频电路如果采用 TTL 集成电路，可选用 74LS393(或 74LS293)；如果采用 CMOS 集成电路，可选用 CC4520(或 CC4060)等。

下面详细介绍利用 74LS393 实现分频。74LS393 是一片双 4 位二进制加法计数器，其引脚图和时序图分别如图 7.23、图 7.24 所示。

由 74LS393 的时序图可知，MR 是异步清零端，当其接高电平时，输出端均实现清零，计数器正常计数时，此端应始终接低电平。计数器的计数输出端 Q_0、Q_1、

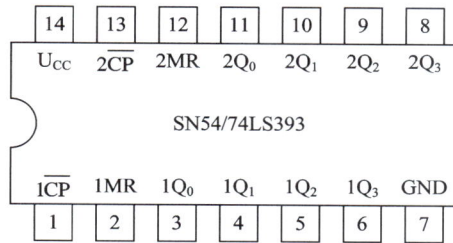

图 7.23　74LS393 的引脚图

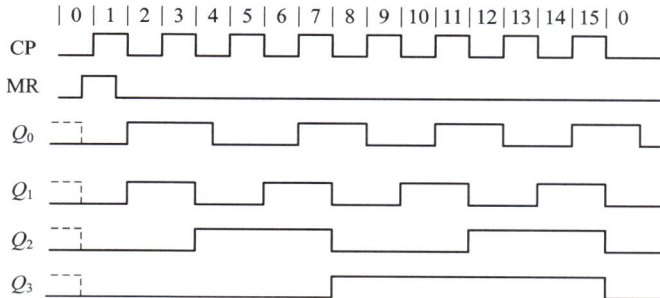

图 7.24　74LS393 的时序图

Q_2、Q_3 输出信号的频率依次为时钟信号的 $1/2^1$、$1/2^2$、$1/2^3$、$1/2^4$。由此可知，要从时钟源（CP＝32 768 Hz＝2^{15} Hz）得到 1 Hz 的时钟信号，需要经过 2^{15} 次分频。由于 74LS393 是一片双 4 位二进制加法计数器，可以实现 2^8 次分频，所以需要两片集成块才能实现 2^{15} 次分频，其连接方法如图 7.25 所示。

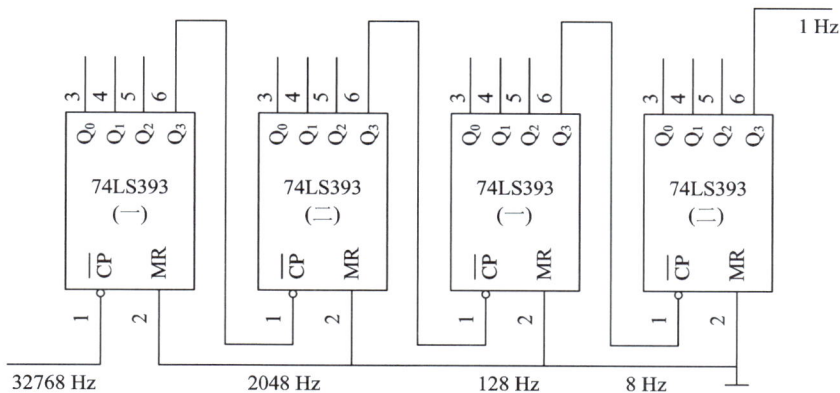

图 7.25　74LS393 的级联逻辑图 1

由图 7.25 可知，若要对 32 768 Hz 的信号进行 2^{15} 次分频，则需要有两片 74LS393 级联，才可以完成分频任务，如图 7.26 所示。

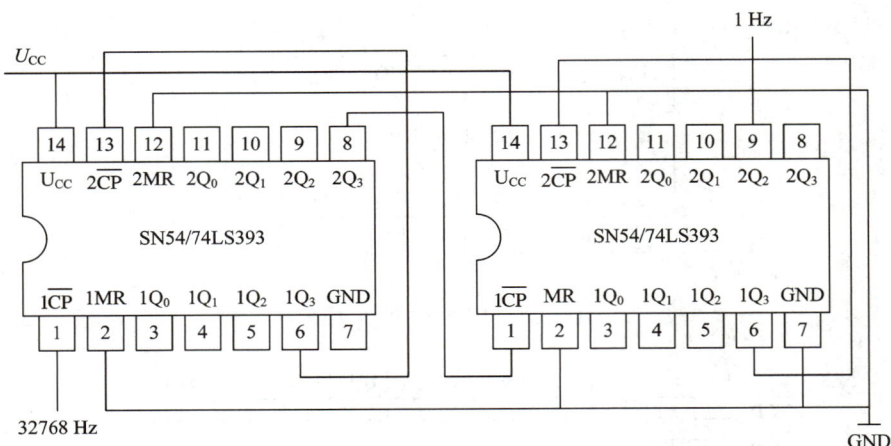

图 7.26　74LS393 的级联逻辑图 2

利用其他型号的计数器也可以实现分频，读者如有兴趣，可以查阅其他器件的应用，进行设计，在此不再赘述。

二、计数及译码驱动电路

1. 秒计数器和分计数器的设计

经过分频得到的 1Hz 秒脉冲信号可被送到计时电路。计时电路由三部分构成，以完成"时""分""秒"计数。其中，"秒""分"计数均为六十进制，"时"计数为十二或二十四进制。随着集成电路的发展，计时电路可以使用中规模计数器，采用反馈复位法实现，即当计数状态达到所需模值后，经门电路或触发器反馈产生"复位"脉冲，使计数器清零，然后重新进行下一个循环的计数。

秒计数器和分计数器都是六十进制计数器，其连接方法可以完全相同。使用不同集成块，计数器的连接方法也不同，一般采用两个十进制计数器构成六十进制计数器。

1）选用集成块

可选用 TTL 系列计数器或 CMOS 系列计数器，通过反馈复位法或反馈预置法来实现两个六十进制计数器。本设计推荐采用 CD4518 双十进制加法计数器。CD4518 的引脚排列如图 7.27 所示。

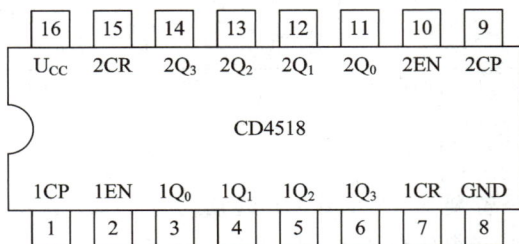

图 7.27　CD4518 引脚图

CD4518 的逻辑功能表见表 7.9。

表 7.9　CD4518 的逻辑功能表

输入			输出功能
CP	CR	EN	
↑	0	1	加法计数
0	0	↓	加法计数
↓	0	x	保持
x	0	↑	
↑	0	0	
1	0	↓	
x	1	x	全部为 0

CD4518 计数器为 D 触发器，具有内部可交换 CP 和 EN 线，用于在时钟上升沿或下降沿时进行加法计数。其中，CR 为清零端，当 CR 接高电平时，计数器清零；而在正常计数时，此端必须接低电平。CD4518 计数器的时序图如图 7.28 所示。

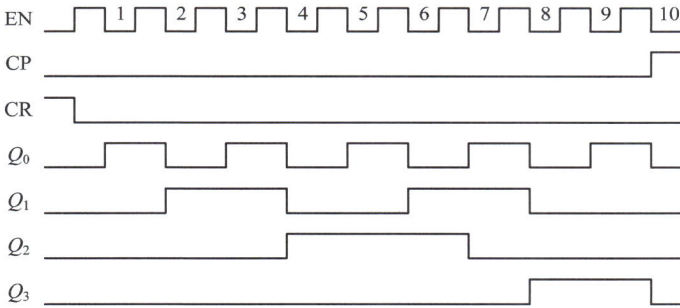

图 7.28　CD4518 的时序图

2）六十进制计数器的实现

所谓六十进制计数器，是指计数器每统计 60 个脉冲信号，就完成了一个计数循环，然后再从头开始计数。

用两个十进制计数器构成六十进制计数器，首先必须完成这两个十进制计数器的级联。CD4518 计数器的级联可以通过以下方法完成，如图 7.29 所示。

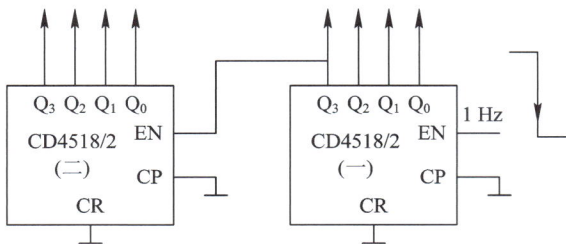

图 7.29　CD4518 的级联逻辑图

根据图 7.28 可知，在图 7.29 中，施加在第 1 个 CD4518 的 EN 端上的时钟信号，当第 10 个下降沿到达时，其 Q_3 端就会产生一个下降沿，所以第 2 个 CD4518 就计一个数，这种级联法就是用两片 CD4518 构成一百进制计数器，在此基础上，实现六十进制计数。在本任务中，利用反馈复位法比较简便，如图7.30 所示。

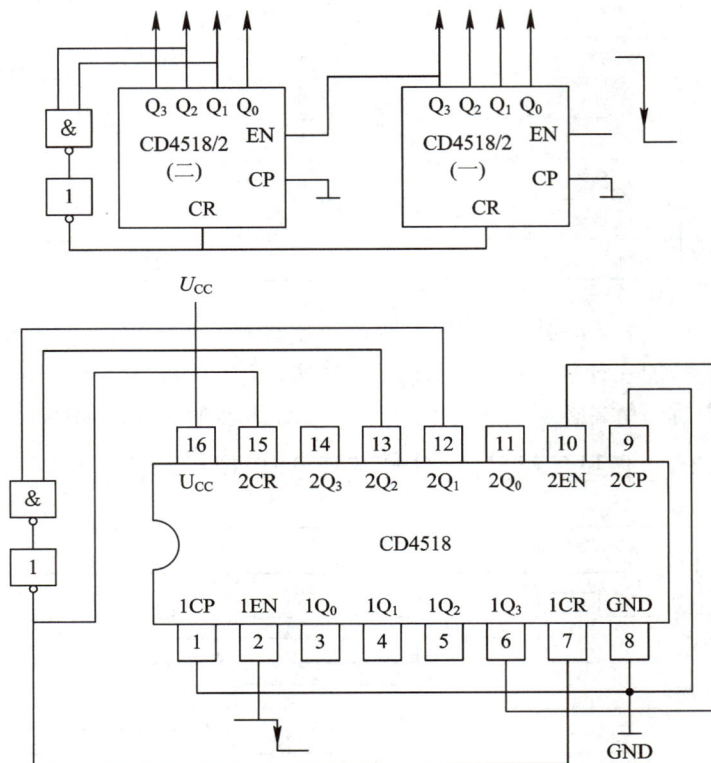

图 7.30　六十进制计数器以及电路连接图

在图 7.30 中，当第 2 个计数器计数到 6 时，即 $Q_3Q_2Q_1Q_0=0110$，Q_2 和 Q_1 上的高电平经过与非门和反相器输出高电平到 CR 端，对两个计数器同时清零，CR 上的高电平维持很短时间，然后又恢复低电平，计数器再从头开始计数。由于该计数器的有效状态是 00000000～01011001(0～59)共 60 个(01100000 是暂稳态，不属于有效状态)，所以在一个计数循环内共计数 60 个，因此这是一个六十进制计数器。

利用上述方法就可以制作秒计数器和分计数器，那么"分"的时钟信号从哪里来呢？"分"的时钟信号是 1 min 才来一个下降沿，也就是在"秒"完成一个计数循环时产生一个下降沿，把这个下降沿输入分的时钟信号上即可，从图 7.30 中可以发现，CR 端上的信号满足这个要求，所以把秒计数器的 CR 端和分计数器的时钟信号直接相连即可。

3）时计数器的设计

时计数器的设计还是选用 CD4518，其实现方法和分计数器、秒计数器的方法相类似。时计数器可以制成二十四进制或者十二进制的，二十四进制计数器的逻辑图如图 7.31 所示。

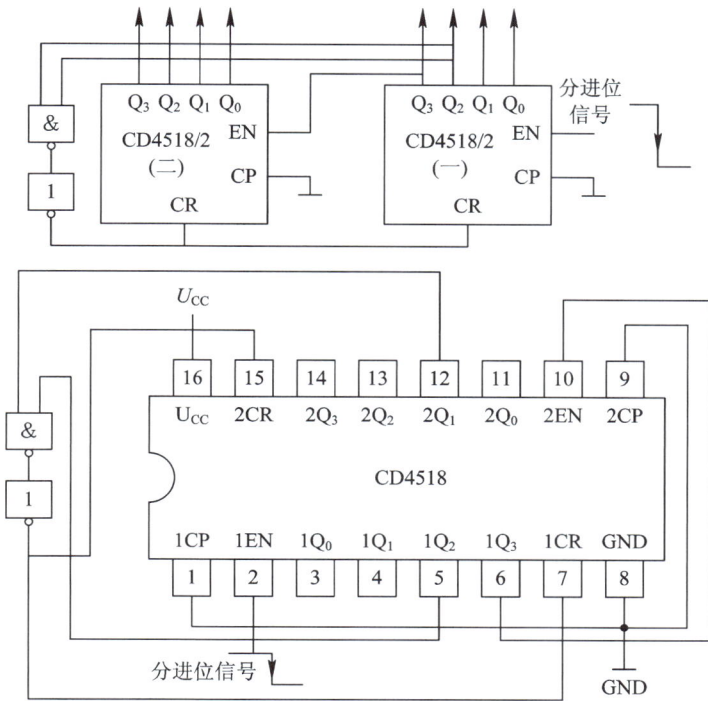

图 7.31　CD4518 构成二十四进制计数器以及电路连接图

图 7.31 所示时计数器的工作过程是：在正常计数时，CR 端始终为低电平，当计数到 00100100（即 24）时，反相器的输出为高电平，此时 CD4518 清零，又从头开始计数。该计数器的有效状态是 00000000～00100011（即 0～23），共 24 个，在一个计数循环内共计数 24 个。

3. 译码电路(含驱动)的设计

译码电路采用专用译码器，其功能是将"时""分""秒"计数器中计数的输出状态（8421BCD）翻译成七段数码管能显示的十进制数所要求的电信号，然后经数码显示器显示出来。

数码显示器可选用共阳极或共阴极发光二极管数码管；译码器可选用 TTL 系列或 CMOS 系列。如果选用的数码管功耗低，可直接用译码器驱动。这里需要遵循一个原则：高电平输出译码器驱动共阴极数码管，低电平输出译码器驱动共阳极数码管。

符合本设计要求的译码器的型号很多，本任务以 CD4511 为例进行介绍。

CD4511 是一种 BCD－七段显示译码器，它属于 CMOS 器件，高电平输出电流可达 25 mA。CD4511 的引脚排列如图 7.32 所示，逻辑功能表见表 7.10。该器件用于驱动共阴极七段 LED 数码管。

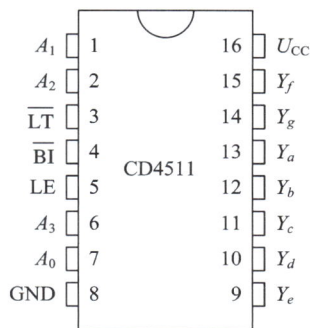

图 7.32　CD4511 的引脚图

表 7.10　CD4511 的逻辑功能表

输入							输出							显示字符
LE	$\overline{BI}$	$\overline{LT}$	A_3	A_2	A_1	A_0	Y_g	Y_f	Y_e	Y_d	Y_c	Y_b	Y_a	
x	x	0	x	x	x	x	1	1	1	1	1	1	1	8
x	0	1	x	x	x	x	0	0	0	0	0	0	0	灭
1	1	1	x	x	x	x				不变				维持
0	1	1	0	0	0	0	0	1	1	1	1	1	1	0
0	1	1	0	0	0	1	0	0	0	0	1	1	0	1
0	1	1	0	0	1	0	1	0	1	1	0	1	1	2
0	1	1	0	0	1	1	1	0	0	1	1	1	1	3
0	1	1	0	1	0	0	1	1	0	0	1	1	0	4
0	1	1	0	1	0	1	1	1	0	1	1	0	1	5
0	1	1	0	1	1	0	1	1	1	1	1	0	1	6
0	1	1	0	1	1	1	0	0	0	0	1	1	1	7
0	1	1	1	0	0	0	1	1	1	1	1	1	1	8
0	1	1	1	0	0	1	1	1	0	1	1	1	1	9
0	1	1	1	0	1	0	0	0	0	0	0	0	0	灭
0	1	1	1	1	1	1	0	0	0	0	0	0	0	灭

从逻辑功能表可知：

$\overline{LT}$：灯测试。当该信号为低电平时，无论其他输入端为何值，$Y_a \sim Y_g$ 输出全为高电平，使数码显示器显示"8"字形，此功能用于测试显示器件。

$\overline{BI}$：灭灯输入。当 $\overline{LT}=1$ 时，$\overline{BI}=0$，使 $Y_a \sim Y_g$ 输出全为低电平，可使共阴极 LED 数码管熄灭。

LE：锁存允许。当 $\overline{LT}=1$、$\overline{BI}=1$ 时，LE$=1$，此时计数器保持一个计数状态不变，具有锁存功能。

在使用 CD4511 集成块时，必须要对其功能引脚做合理的处理，否则可能会造成无法正常译码，读者要学会看逻辑功能表，根据逻辑功能表合理搭配电路，这是一个基本的技能。另外，值得注意的是：在实物连接时，计数器的每一位都需要对应连接一个 CD4511 进行译码，要注意计数器的输出端和译码器的输入端对应相连接，即 $A_3 A_2 A_1 A_0 = Q_3 Q_2 Q_1 Q_0$，不能把权值搞错。

CD4511 译码器的输出信号可驱动段式数码管。CD4511 和数码管的连接如图 7.33 所示。尤其要注意的是：CD4518 的输出和 CD4511 的输入在进行连接时，一定要对应连接，即 $Q_3 - A_3$，$Q_2 - A_2$，$Q_1 - A_1$，$Q_0 - A_0$。

译码器还有其他常见的集成块，例如 74LS48/248、74HC4543 等，有兴趣的读者可以自行查阅它们的引脚图和逻辑功能表来搭建电路。

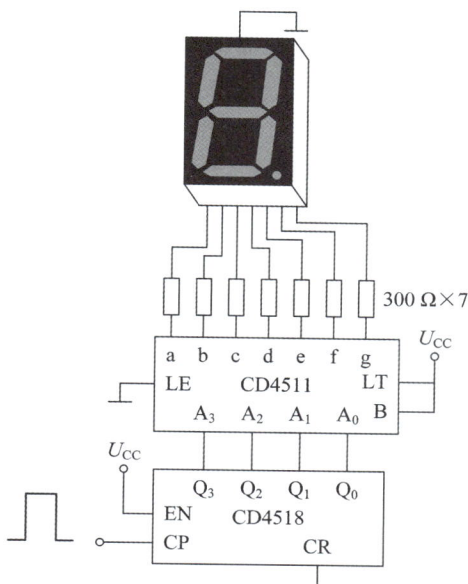

図 7.33　CD4511 和数码管连接图

三、校时电路

当数字钟刚接通电源或走时出现误差时，需要对其进行时间的校准（即校时）。校时电路包括校准小时电路和校准分钟电路（也可包括校准秒电路，但校准信号频率必须大于 1 Hz），可手动校时或脉冲校时，可用普通机械开关或由机械开关与门电路构成无抖动开关来实现校时。本任务只对时计数器和分计数器进行校时。

1. 用单刀双掷开关实现校时

用单刀双掷开关实现校时是最简单的一种校时方法，如图 7.34 所示。

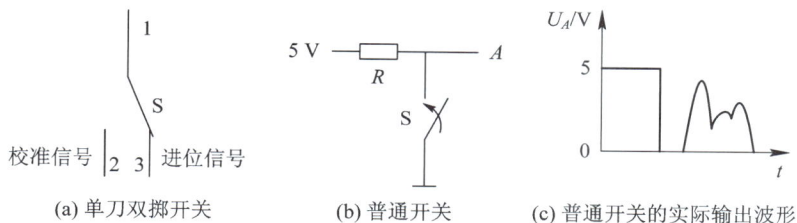

(a) 单刀双掷开关　　(b) 普通开关　　(c) 普通开关的实际输出波形

图 7.34　机械开关的电路示意图和抖动问题图

这里以分计时电路为例介绍校时功能的实现。由前述已知，分计数器的时钟信号就是秒计数器的进位信号，即 1 min 才来一个下降沿，所以分计数器 1 min 才计一个数，如果改变分计数器的时钟信号频率，使频率升高，例如变为 1 s 就来一个下降沿，则分计数器的计数速度就变得很快，当在很短时间内跳变到标准时间时，再切换到原来分计数器正常计数的频率，这样就完成了对分计数器的校时。在图 7.34 中，校准信号是 1 Hz 的脉冲信号，进位信号是秒计数器向分计数器的进位信号，而单刀双掷开关的 1 脚和分计数器的时钟信号相连接。

时计时电路的校时电路连接方式和分计时电路的校时相类似，在此不再赘述，请读者自行设计。

这里要注意，机械开关(如图 7.34(b))都会存在一个抖动问题，实际输出波形如图 7.34(c)所示。机械开关的一次闭合有可能产生两个以上的有效脉冲信号，所以这种方法不利于进行时间的准确调整。

2. 用门电路实现校时

校时电路也可由门电路和开关等组成，如图 7.35 所示。该校时电路可以用来校准"时"和"分"。正常工作时开关拨向右边，门 5 输出高电平，门 4 输出低电平，正常输入信号通过门 3 和门 1 输出，加到个位计数器的 CP 脉冲端。作为校"时"电路，正常输入信号是"分"进位信号，校准信号可以用秒脉冲信号。需要校准"时"时将开关拨向左边，校准信号(秒脉冲)就可以通过门 2 和门 1 送到时个位计数器的计数输入端。"分"校时与"时"校时是相同的，只是输入信号不同。与非门 5 和与非门 4 构成的是一个基本 RS 触发器，开关拨向右边时，即使开关有抖动，与非门 5 的输出都始终为高电平不变，实现了消抖功能。

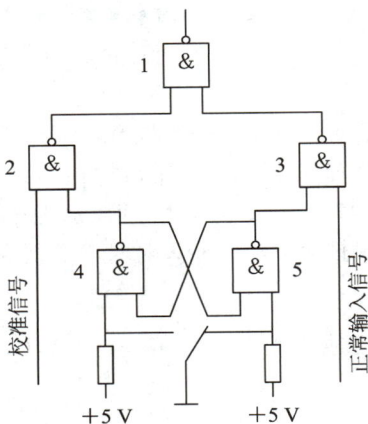

图 7.35　门电路和开关组成的校时电路

四、功能器件的装配和检修

本任务虽然只是制作一个简易的数字钟，但是它毕竟是一个较复杂的系统，要成功地设计出本电路，读者必须要深刻理解电路中各功能器件的作用、原理、设计方法以及故障分析、排除方法，同时还要在单元电路选定后，解决它们之间的连接问题，以保证单元电路在电平上、时序上协调一致，在电气性能上相互匹配，保证各部分逻辑功能得以实现并稳定工作。

1. 功能器件之间的连接

数字钟各功能器件的连接如下：

(1)时钟源与计数器及校时电路之间的连接。

时钟源提供的信号（或分频信号）送至秒个位计数器的 CP 输入端；时钟源提供的信号同时送至校分电路和校时电路的校准输入端。

（2）计数器与计数器之间的连接。

将秒计数器的清零信号送至校分电路的正常输入端作为分计数器的进位信号；分计数器的清零信号送至校时电路的正常输入端作为时计数器的进位信号。

（3）计数器与译码显示器之间的连接。

将各计数器的 $Q_3Q_2Q_1Q_0$ 分别送至相应译码器的 $A_3A_2A_1A_0$ 端，并将每个译码器的输出与数码管的输入对应连接。

2. 数字钟的装配

数字钟的装配步骤如下：

（1）列出元器件清单。

根据设计思想和设计方法，确定要使用哪些元器件，同时考虑不同元器件之间电气特性的匹配问题，确保电路功能能够实现。

（2）画出实物连接图。结合每个功能器件的设计方法，画出实物连接图，这样在装配时就可以根据实物连接图进行器件之间的实物连接。注意，要反复检查实物连接图是否正确，因为借助实物连接图，可以很方便地进行故障分析。

（3）装配。数字钟的装配可以在万能实验板上进行，首先要熟悉万能实验板的结构和要使用的元器件（个数、引脚等），然后在万能实验板上对元器件进行连接。装配时注意事项如下：

① 根据实物连接图，按照信号的传递方向，逐级进行实物连接。每连接完成一个功能器件都要保证该器件能够正确实现功能，然后再连接下一级器件，这样做的最大好处在于提高电路设计的成功率。

② 导线使用线径为 0.5～0.6 mm 的塑料单芯导线，要求线头剪成 45° 斜口，以便能方便地插入万能实验板。线头剥皮长度约为 6～8 mm，使用时线头应全部插入，既保证良好接触，又避免裸露在外与其他导线发生短路。

③ 布线要横平竖直、整齐清楚，尽可能使用不同颜色的导线，以便检查。走线不要跨越集成电路。布线的顺序一般是先布电源和地线，再连接固定电平线，最后由时钟源开始逐级连接信号线，以免漏线。

（4）调试。在调试之前一定要再认真检查电路，主要是检查有无短路、集成块是否插反等明显的错误，避免烧坏集成块。检查无问题之后通电，验证电路功能是否和设计要求相符合。实际上，如果每完成一个功能器件都验证该器件能够正确实现功能，那么通电后，电路是能正常工作的。如果电路不能正常工作，就去检查器件之间的连线，一般都能够找到问题所在。

3. 故障分析

在进行电路的装配时，不可避免地会遇到电路故障。对于一个复杂的电路，最好的办法就是将其分解成几个相对独立的功能器件，逐一加以分析，这样可以方便、快捷地解决电路故障。为了解决数字钟的故障，有必要将数字钟电路进行有机分解，根据本任务的介绍，可以将数字钟电路分成以下几个功能器件：时钟源电路、分频电路、计数电路、译码电路和显示电路。在进行数字钟电路的装配时，常见的故障及其分析方法如下：

（1）"秒"对应的两位数码管无法计数。遇到这类故障时，常用的方法就是从时钟源电路开始，逐级查找。

先用示波器观察时钟源电路的输出，观察是否有振荡信号输出，也可以用一个LED指示灯来进行一个简单的判断（LED 的阴极接地，阳极接时钟源电路的输出），如果 LED 发光，可以暂且认为时钟源电路是正常工作的。然后验证分频电路是否正常工作，用万用表判断时钟源电路的输出和分频电路的输入之间是否正常连接（使用万用表的欧姆挡，两者之间的电阻应为零），之后用 LED 观察分频电路的 1 Hz 输出，如果 LED 闪烁，则可以判断分频电路是正常工作的，如果 LED 一直亮或者一直处于灭的状态，那么要深入分频电路的内部，以查找问题，有可能是内部连接的问题或者分频电路中的集成块没有工作。这时先用万用表的欧姆挡判断集成块的电源、地和功能引脚是否可靠连接，然后再判断集成块之间的连线。

在排查完分频电路之后，检查"秒"个位计数器的 CP 端是否有 1 Hz 的脉冲信号输入，检查秒计数器的电源、地和功能引脚（尤其是 CR 端电压应该为零）是否可靠连接，该集成块的其他连线是否正确。

如果遇到"秒"的个位计数而十位无法计数，那么要重点排查十位所对应计数器（CD4518）的 CP 端输入和个位所对应计数器的进位之间是否可靠连接。

在此要提醒读者注意的是：用万用表判断两个引脚之间是否可靠连接，就是测两个引脚之间的电阻是否为零，如果不为零则说明没有实际导通，有可能存在虚接现象。

"分"和"时"的计数问题也可以采用上述方法进行检查，它们的工作原理是一样的。

（2）秒对应的两位数码管不是六十进制计数。遇到计数器能够计数但是模不是 60 时，要重点查找秒十位计数器的 Q_2Q_1 输出端和 CR 端之间的连接是否正确。先检查秒计数器在连接过程中所使用到的与非门和反相器集成块的电源和地是否可靠连接，然后检查秒十位计数器的 Q_2Q_1 输出端和与非门的输入之间，与非门的输出和反相器的输入之间，反相器的输出和秒计数器集成块的 CR 端之间的连接是否正确。也不排除所使用到的与非门和反相器集成块被损坏，读者可以思考怎样判断这两个集成块是否正常工作？

（3）分计数器无法计数。这种情况可以先采用故障 1 的排除方法，在此基础上重点排查秒计数器的进位信号和分计数器的 CP 端之间的连线是否正确。

（4）在正常计数时，突然停止计数。遇到这种情况时，需要去检查时钟源电路的输出与分频电路 CP 端输入之间的导线连接是否可靠，分频电路的输出和秒计数器 CP 端之间的导线连接是否可靠，各个集成块电源和地的连接是否松动，这种情况多数是接触不良所造成的。

在进行故障排查时，先要尽量缩小范围，然后再进行排查和验证。而缩小范围，要靠读者对电路原理的理解。如果读者对电路原理的理解很深刻，那么无论遇到任何问题，在进行故障排查时都能很快地发现和解决问题，达到事半功倍的效果。

1. 555 集成定时电路产生振荡信号的原理是什么？振荡信号的占空比对计数器有什么影响？

2. 为何 555 集成定时电路组成的时钟源输出的信号比石英晶体振荡器产生的信号精度低？

3. 本任务中采用的 74LS393 实现分频的原理是什么？为什么不直接产生 1 Hz 的脉冲号，而是采用分频的方法？

4. 如何通过实验的方法来验证数码管的好坏？在验证时要注意什么？

5. CD4511 能否直接和共阳极发光二极管数码管相连接？如果相连接该如何处理？

6. 校时的原理是什么？

7. 采用开关校时的方法存在什么缺陷？如何改进？

8. 在设计数字钟电路时，要分成几部分设计，有无先后顺序？为什么要这样做？

9. 在进行电路的整体布线时为何不允许出现跨线的情形？

10. 如果在电路中出现了虚接的故障，如何有效地排除？

11. 数字钟电路中利用十进制计数器构成二十四进制和六十进制计数器，除了本书介绍的方法，你还有别的方法吗？

⭐ **课程思政**

> 直至 2020 年，中国已经完成了 55 颗卫星发射工作，完成了北斗三号卫星系统，导航系统的开通工作。虽然我们的北斗卫星系统与其他卫星系统相比，投入使用的时间比较晚，但我们北斗卫星系统已经弯道超车成功，成为一颗闪亮的新星，为世界增添耀眼的光芒。

实训一　任意进制计数器的制作及应用

1. 实训设备。

直流可调稳压电源、示波器、万用表、计数器。

2. 试用 7490 构成六进制（8421 码）和七进制（5421 码）计数器，验证其功能并画出连接图。如果不使用其他器件，请思考它们还能构成哪些进制的计数器。

3. 说说构成任意进制计数器的方法。

4. 说说分频和计数的概念。

实训二　74LS194 寄存器的应用

用一片 74LS194 及适当门电路实现四位并/串转换。

1. 实训设备。

直流可调稳压电源、万能实验板、双踪示波器、74LS194。

2. 画出实训原理图。

3. 分析 74LS194 移位寄存器的逻辑功能。

4. 用一片 74LS194 及适当门电路实现四位并/串转换，记录结果。

实训三　利用 555 集成定时器制作多谐振荡器

1. 在元件中选出一片 555 集成定时器 NE555。

2. 基本功能测试。将 4 脚、8 脚接电源，1 脚接地，5 脚接 0.01μF 电容。在 2 脚、6 脚分别加输入电压，测试 555 集成定时器的功能。

3. 画出电路图，接成多谐振荡器。通电，用示波器观察各点波形。调整电位器，观察波形的变化。测算出振荡频率，并与理论计算值比较。

4. 接成单稳态触发器。加入触发脉冲，观察输出波形。调整电位器，观察波形的变化。

参 考 文 献

[1] 何军. 电工电子技术项目教程[M]. 3 版. 北京：电子工业出版社，2021.

[2] 赵歆. 电工电子技术[M]. 北京：北京邮电大学出版社，2021.

[3] 蓝精卫，刘振锐. 电子技术基础与技能[M]. 沈阳：东北大学出版社，2016.

[4] 倪元敏，李坤宏. 电工与电子技术[M]. 南京：东南大学出版社，2017.

[5] 王晓鹏. 面包板电子制作 130 例[M]. 北京：化学工业出版社，2015.